生态文明建设与经济发展研究

RESEARCH ON ECOLOGICAL CIVILIZATION CONSTRUCTION AND ECONOMIC DEVELOPMENT

党晶晶◎著

中国原子能出版社
China Atomic Energy Press

图书在版编目（ＣＩＰ）数据

生态文明建设与经济发展研究 / 党晶晶著. -- 北京：
中国原子能出版社, 2020.8（2021.9重印）
ISBN 978-7-5221-0763-9

Ⅰ.①生… Ⅱ.①党… Ⅲ.①生态环境建设—关系—
中国经济—经济发展 Ⅳ.①X321.2②F124

中国版本图书馆CIP数据核字(2020)第151865号

生态文明建设与经济发展研究

出　　版	中国原子能出版社(北京市海淀区阜成路43号 100048)	
责任编辑	蒋焱兰 (邮箱：ylj44@126.com QQ：419148731)	
特约编辑	刘相同　蒋　睿	
印　　刷	三河市南阳印刷有限公司	
经　　销	全国新华书店	
开　　本	787mm×1092mm 1/16	
印　　张	9.25	
字　　数	150千字	
版　　次	2020年8月第1版　2021年9月第2次印刷	
书　　号	ISBN 978-7-5221-0763-9	
定　　价	45.00元	

出版社网址：http://www.aep.com.cn　E-mail：atomep123@126.com
发行电话：010-68452845　　　　版权所有　侵权必究

前　言

　　人与自然的关系是人类社会生存与发展的基本关系。生态文明建设不仅关乎民生福祉,还关乎国家经济社会的长远发展。生态文明是人们在改造客观世界的同时改善和优化人与自然的关系,建设有序的生态运行机制和良好的生态环境所取得的物质、精神、制度成果的总和,它体现了人们尊重自然、利用自然、保护自然、与自然和谐相处的文明理念。加强能源资源节约和生态环境保护,建设生态文明,对于推动科学发展,促进社会和谐,增强可持续发展能力,夺取全面建设小康社会新胜利,具有重大的现实意义。

　　生态文明建设和经济发展的关系历来是学界关注的焦点之一。乐观主义者认为,经济全球化是促进繁荣和合作的源头,可以带来更好的环境景况。因为按照西方国家以往的经验,尽管其环境情况曾经一度恶化,但当经济发展达到一定水平且加上科技的进步,人们可以解决环境问题,而这些经验应该可以借用到其他国家或者地区。因此,经济发展是促进环境保护的助力。批评者则认为,生态破坏、资源耗尽、环境污染等情况的出现都与经济发展有关。人们为了发展经济,破坏自然环境,却没有认识到环境的有限性。经济收益不一定会提升环境品质,反而通常成为人们破坏环境的诱因。总的来看,无论是乐观主义者还是批评者都承认追求经济发展会对环境永续造成一定的负面影响。

　　生态文明建设与经济的发展是相辅相成的,要将二者协调起来,相互促进。促进经济协调发展,必须正确地看待生态文明建设在经济发展中的重要地位,妥善处理这两者之间的关系,紧紧把握住经济的发展必须依靠生态的良好建设来寻求新发展。我国在面对生态环境建设与区域经济的可持续发展的问题时提出了相应的解决路径:坚持人口经济与自然资源环境相均衡的实施原则。在经济发展的过程中找到对生态环境保护的切合点，同时我国也对生态文明建设与经济的发展提出了实质性的要求，即将生态文明的理念贯穿至城镇化和美丽乡村建设的过程中。

生态文明建设不是空虚的口号，是实实在在存在的。经济的发展不应该以破坏环境为代价。应该以持续的、长久的发展为目标，以造福子孙后代为目的。生态文明建设与经济发展息息相关，是一个时代进步的重要因素，社会的进步要以生态环境的保护为前提。国家的繁荣离不开经济也离不开生态文明的建设。

作者

2020 年 6 月

目 录

第一章 生态文明建设与经济发展概述 ·················001
 第一节 生态文明的科学内涵与理论框架 ·················001
 第二节 生态文明建设的必要性及发展进程 ·················008
 第三节 经济发展一般性理论 ·················019
 第四节 生态文明与经济发展的关系 ·················023

第二章 社会主义生态文明 ·················026
 第一节 社会主义生态文明的概念 ·················026
 第二节 生态文明的社会形态与经济形态 ·················030
 第三节 中国特色社会主义生态文明理论及体系 ·················038

第三章 生态文明与经济高质量发展 ·················052
 第一节 生态文明与经济高质量发展的认识进程与内涵 ·················052
 第二节 生态文明建设与经济高质量发展面临的挑战 ·················059
 第三节 生态文明建设与经济高质量发展的战略思路 ·················064

第四章 生态文明视域下经济高质量发展框架与运行系统 ·················074
 第一节 "五位一体"总布局中的生态文明经济建设 ·················074
 第二节 生态文明经济高质量发展的框架 ·················079
 第三节 生态文明经济高质量发展的运行系统 ·················086

第五章 生态文明经济发展制度创新与机制整合 ·················093
 第一节 制度与机制是生态文明经济建设的核心要件 ·················093
 第二节 生态文明经济发展的制度创新 ·················098
 第三节 生态文明经济发展的整合机制 ·················103

第六章　生态文明融入经济建设的路径 ···················· **108**

　　第一节　生态文明融入经济建设的载体选择 ···············108

　　第二节　规划推进路径——以功能区规划为例 ···········112

　　第三节　产业推进路径——以农业现代化为例 ···········115

　　第四节　空间推进路径——以新型城镇化为例 ···········121

　　第五节　生态优化平衡——以美丽乡村建设为例 ·········130

参考文献 ·· **139**

第一章 生态文明建设与经济发展概述

第一节 生态文明的科学内涵与理论框架

人类不能仅对自己这一代人获得经济、文化需求而满足,更重要的是要对儿孙后代和地球上所有生命的未来负责,即构建以生态可持续性原则为基础的新型社会生存模式——生态文明的社会生存模式。目前,全球所倡导的"生态文明",正是这一承诺在实践领域的体现。

一、生态文明的科学内涵

人与自然的关系是天成的。人不能选择脱离自然的道路,只能选择某种有利于自身发展的与自然的关系。在人的能力空前提高的今天,人与自然的关系在很大程度上还要依赖人的价值观、生活方式、社会关系等诸多因素的协调和谐。生态文明发展到今天,不能不说是人类开始了为有效遏制生态危机,为自己重建一个可以使儿孙万代永续发展的绿色家园做了一次有益的伟大尝试。根据各方面专家学者的见解,生态文明的科学内涵,包括以下几个方面。

(一)人类尊重自身的前提是尊重自然

生态文明所提供的基本观念是全球生态环境系统整体观念和系统中诸因素相互联系、相互制约的观念。人类与自然是一个相互依存的整体。以损害自然界的生物种群来满足人类无节制的需求,只能导致整个生态环境资源的破坏和枯竭,最终危害人类自身。因此,生态文明要求人类重新认识自身与自然的关系。从自然的角度说,人是自然的一部分,而不是自然的主宰。这就是说,人与自然是平等关系,而不是主从关系,更不是征服与被征服的关系。在评价自然物种的非经济价值时,要承认物种有其自身天然生存的权利。人类要尊重自身,首先要尊重自然,在自然规律所允许的范围内与自然界进行物质能量的交换,否则必然会遭到自然的报复。

（二）价值观的革命

在人类发展历史上，西方文化对于人类思想的解放起着不可估量的巨大作用，但后来由于人类自身需要和欲望急剧膨胀，人对自然的尊重被对自然的占有和征服所代替。资本主义社会的经济、社会制度又促使少数人以占有和剥削他人更多的物质财富为根本动力和目的，这一价值观进一步扩展到整个民族、国家和社会层面，更加剧了人对自然资源的掠夺和对生态环境的破坏。生态文明的提出，使人类开始意识到自己并不是自然的主宰，而是自然的一部分，人类的价值观并不能仅仅以人本身为最终目标，人类的功利和幸福不能逾越自然所允许的范围。人类只有在与自然协调和谐相处的前提下，才能获得真正持续健康的幸福。但是幸福及其程度的界定又是由人的价值观所决定的。生态文明是人类价值观必然的选择。

（三）保护生态环境是伦理道德的首要准则

生态文明的伦理道德是以维护地球生态环境系统正常运转，保护自然生态的良好状态为其首要准则，人类其他的一切行为，首先必须以服从这一道德准则为前提。重新学习在地球上生活的艺术，生态先于一切，告别传统的"物质主义"，这是生态文明条件下，生态伦理道德的主题。

（四）把生态文明列入社会结构的重要组成部分

生态文明发展结构理论把生态环境资源作为社会结构理论的重要组成部分，在经济、政治、文化"三领域"框架中加上"生态环境"，建立起"四领域"的总体框架，因为优良秀美的地球生态环境是人类文明繁荣发展的基础和前提，人类文明必须把保持自然生态环境系统的正常运转作为其重要标志之一。

（五）人类社会活动在经济发展基础上逐步转向以文化活动为主

人类社会活动在经济发展基础上逐步转向以文化活动为主即在生态文明时期，科学、艺术、教育信仰、伦理道德、审美、健康、娱乐、智力开发等日益成为人类社会活动的主要内容。人的生活方式也将从着力追求物质利益、过度消费逐渐转向主要追求丰富多彩、简朴、清洁、健康、优美、舒适的"绿色生活"。

（六）生态时间的把握

人类为了生存，需要使用能源、材料，并将其转换成食品、用品和衣物等。在转换过程中会遗留下废弃物，需要一定的时间处理，才能使其恢复到原来的状态，这个一定时间取决于物质与能量之间的相互作用以及它们之间相互转换所需要的时间，我们称之为生态时间。一般来说，日照决定了大自然的生态时间；大自然决定了文化和社会的生态时间；文化和社会又决定了个体的生态时间。在时间推移过程中，上述三者都能学会优化这种转变过程，把学会的东西作为"资源"储存起来。在进化史上，大自然"学习"过程要花费数百万年；文化和社会要花费数千年；个体则可用几年、几个月几小时来计算。从时间维度看，系统必须拥有足以处理环境影响的时间，否则创造力就会枯竭。例如，如果气候带移动过快，超出了植物和动物迁移能力，那么系统进化过程，将会就此告终。把握生态时间旨在：一是从理论和实践上抵制经济社会超速、超前发展的逻辑；二是对可持续发展主体形象进行内容上的充实；三是把人类理解为自然、文化和社会、个体进行过程的产物，并以此层次决定人与环境的关系，从而对抗那种令人不安的加速理论。

二、生态文明的理论框架

哲学、伦理学、系统科学、经济学、环境科学等诸多学科从不同角度为"生态文明"概念的诞生奠定了理论基础框架。择其精华而论之，主要包括以下内容。

（一）从代内的效率与公平到代际的效率与公平

有限的环境资源为人类提供了一系列有益的服务，资源稀缺性使得资源的分配必须进行生态文明建设，从概念到行动同时考虑资源在同一时点上的不同用途之间的有效分配和资源的跨期配置问题，包括稀缺资源的代内与代际的效率与公平。

1.传统伦理学的代内的效率与公平

传统伦理观着重考察有限资源分配的代内的效率与公平的关系。从效率角度而言，只要是有利于科学技术进步的资源分配，就应该是有效率的分配；然而，技术上有效率的资源分配，市场机制将导致利于富裕群体的资源配置,进而引起社会不公。从公平角度而言,有限资源的分配包括生活必需和非必需资源的分配。对生活必需资源的分配应遵循公平原则,不应使任何人因缺乏生活必需资源而陷入难以生存的境地;而对非生活必需资源的分配则可以按市场原则,通过市场机制实现效率分配。从理论上讲,并不存在被广泛接受的理想化的公平理论,采用不同的公平原则可能导致相互冲突的结果。效率是公平的必要条件,资源的效率分配是实现代内公平的基础。

2.生态伦理学的种际的效率与公平

传统的发展观的人类中心主义强调人不仅是自然的开发者和享受者,还是自然的主宰者和征服者,从而导致了人类对自然空前的开发和掠夺以及自然对人类的空前的反抗。走出新的生存环境需要对传统伦理观进行反思。生态伦理观的产生应当被看成这种变革的结果。生态伦理观将伦理的关怀对象由简单的人与人的关系延伸至人与动物、植物等不同物种和整个自然界,打破了"人类中心主义"价值观。生态伦理观的提出,力图调整和摆正人与自然的扭曲关系,建立人与自然的和谐关系。生态伦理观力图超越传统伦理思想的局限性,是可持续发展的代际公平的伦理基础。现代人不能为自己的发展与需求而损害人类世世代代满足需求的必要条件。为此,保护和维持地球生态系统的生产力是现代人应尽的责任。

3.可持续发展伦理学的代际的效率与公平

可持续发展伦理学认为:生活在现在和未来的人,有权享受最起码的生活标准。根据《布伦特兰报告》:可持续发展是既满足当代人的需求,又不损害后代人满足其需求能力的发展。这就要求,必须保证效用(或消费)不随时间而下降、管理资源保持未来的生产机会和自然资本不随时间而下降。这就是代际效率与公平的基本含义。其实,可持续发展观不仅关注局部人的发展,而且关注整个地球人的全面发展;不仅关注人类自身的发展,而且关注人类与其他物种的共生;不仅关注当代人的发展,而且关注人类的持续发展。因此,可持续发展伦理观是代内的效率与公平、代际的效率与公平与人—地之间的效率与公平的统一。

(二)从生态与经济对立到生态与经济协调

"生态学"一词由德国生物学家恩斯特·海克尔于1866年提出,1935

年英国生态学家阿瑟·乔治·坦斯利提出了生态系统的概念,为后来生态经济学的产生奠定了自然科学的理论基础。正是由于生态系统思想的产生,人们才有可能把生态系统与经济系统作为一个整体来加以考虑。

1.传统经济学的系统观

在传统经济学中,经济增长为绝对主导,只要国内生产总值增长,社会所有问题都将被解决或至少被改善,但在理论研究上和实践中都出现了问题。在所有的经济学理论中,GDP是唯一被人们期待能永远增长的经济变量,持续的增长永远不会达到边际成本大于边际收益的经济极限,而在微观经济学中,每个企业都存在最佳规模,超过这个规模它就不再增长,当我们把所有的微观经济单位都整合入宏观经济,会发现企业在最佳规模和GDP的永远增长之间存在矛盾。

新古典经济学宣扬经济帝国主义,认为经济系统持续膨胀,直到囊括一切,经济子系统成为整个系统的特征,每一样东西都是经济,每一样东西都有价格。外部性的国际化达到极限并且没有一样东西对经济来说是外部的了。

2.生态经济学的系统观

许多生物学家和生态学家从科学唯物主义哲学角度提出了生态还原主义,生态还原主义把经济子系统的边界缩小到无,每一样东西都是生态系统。按照假定控制着自然界机遇和必然性的同一种进化力量,所有人类的价值与选择都被认为是显而易见的,与内含的能源内容对应的相对价值和经济,像生态系统一样受到生存命令的支配。经济学家把环境看作经济的一个子系统,生态学家则与之相反,把经济看作环境的一个子系统。

布朗在其著作《生态经济:有利于地球的经济构想》中提出经济系统是生态系统的一个子系统的观点,并将这一思想与哥白尼挑战“地心说”对人们世界观的影响相提并论。他认为如果经济子系统的运作,不能与大系统——地球的生态系统相互协调,势必两败俱伤。相对于生态系统,经济规模发展得越大,施加给地球自然极限的压力越多,这种不和谐造成的破坏就越严重。因此,生态经济要求经济政策的形成,要以生态原理建立的框架为基础。

3.生态与经济协调发展规律

将生态系统视作经济系统的子系统的传统经济学理论,导致生态的非资源化和经济的反生态化,由此出现生态与经济的对立。中国生态学家揭示了生态经济协调发展的规律,其基本内容:经济系统是生态系统的子系统,经济系统是以生态系统为基础的,人类的经济活动要受到生态系统的容量的限制;生态系统和经济系统所构成的生态经济系统是一对矛盾的统一体,如果两个系统彼此适应,那么就能达到生态经济平衡的结果,如果两个系统彼此冲突,那么就可能出现生态经济失衡的状态;人类社会有可能通过认识生态经济系统,使自身的经济活动水平保持一个适当的"度",以实现生态经济系统的协调发展。

(三)从"增长的极限"到"没有极限的增长"

经济的增长与发展是一个永久的话题,无论是发达国家还是发展中国家,渴望增长似乎是不争的共识。但是,在地球生态系统服务的有限性、资源供应数量的有限性和环境自净能力的有限性多重叠加作用下,我们曾经追求的增长或许真的到了尽头。其实,增长的极限是相对于传统的经济发展模式而言的。若从节能减排入手,调整产业结构进而转变增长模式,加速可再生能源开发和低碳经济发展的步伐,从工业文明到建设生态文明,则可以超越增长。

1."增长的极限"理论

1968年4月,来自美国、德国、挪威等10个国家的30多名学者在罗马集合,讨论当前和未来人类面临的困境问题,并成立了一个非正式的国际学术团体——罗马俱乐部。1972年,以丹尼斯·米都斯为代表的一批俱乐部成员,发表了《增长的极限》的研究报告。该报告针对长期流行于西方的增长理论进行了深刻的反思,独树一帜地提出要关注"增长的极限"问题。报告认为影响和决定增长的有五个主要因素,即人口增长、粮食供应、自然资源、工业生产和污染。报告认为如果在世界人口、工业化、污染、粮食生产和资源消耗方面按照当时的趋势继续下去,这个行星上增长的极限将在100年之内,最有可能的结果将是人口和工业生产力双方有相当突然的和不可控制的衰退。该报告深刻地批判了现有的增长方式,认为这种增长方式持续下去,必然会导致人类社会的崩溃,而要避免这一灾难性的结局,最好的办法就是维持出生率、产出率等的不变,使地球长期地运行下去。

2."没有极限的增长"理论

美国学者朱利安·林肯·西蒙在1981年出版了《最后的资源》,该书着重论述了"无限的自然资源"和"永不枯竭的能源",提出"从任何经济意义上讲,自然资源并不是有限的",因为人们无法准确地探测到自然的蕴藏量,"我们可以得到的自然资源的数量,以及更为重要的这种资源可能向我们提供的效用,是永远不可知的"①。

关于"增长的极限"与"没有极限的增长"理论之争的关键在于对科技要素的认知差异。科技悲观论认为:不同技术对世界的物质系统和经济系统具有副作用,现实中还存在技术不能解决的问题。科技乐观论认为:人类不能无视或低估现代科学技术的作用,科技的进步是无限的,自然资源的开发和利用也是无限的。悲观派过于局限于短期状况,低估了科学技术进步的作用和速度,因而看不到人类的主观能动性和对既成发展界限的突破性。而乐观派则以为只凭借技术进步和自然调节就能自然解决人类的发展问题,没有看到任何既成的社会发展形式都含有它的极限。其实科学技术是一把"双刃剑",从生态的视角来界定科技,根据科技善恶性质对地球环境影响的差异,可以把科技系统划分为三个类型:生态科技、非生态科技和反生态科技。要重点发展生态科技,合理、适当地发展非生态科技,圈定反生态科技的"禁区",实现经济效益、生态效益和社会效益的统一。

3.新的经济增长理论

增长的极限论与无限论的争论,实质根源于对工业化初期的经济增长模式,即高投入、高消耗、高污染模式的反思。为了克服传统经济增长模式的弊端,争论各方都对未来的经济增长模式进行了有益的探讨。其中有代表性的观点有均衡增长论、有机增长论、"无意外"发展论和可持续发展论。

《增长的极限》认为传统的经济增长模式,将会导致人类社会的崩溃,而面对增长人类有三个可供选择的方案,即不受限制的增长、自己对增长加以限制和自然对增长加以限制,但事实上只有后面两种方案是可能的。在基于上述前提下,部分学者提出了理想的方案,就是全球均衡增长。

---

①侯京林.生态文明的发展模式[M].北京:中国环境出版集团,2018.

有机增长论将增长分为无差异增长和有机增长两种类型。所谓无差异增长,是指没有质的变化、完全是数量增加的增长;所谓有机增长,是指不仅有量的增加,而且还包含质的提高的增长。而人类目前面临的各种危机,都是根源于无差异的增长模式,所以必须停止这种单纯追求规模扩大和数量增加的增长,而转向有机增长模式。

"无意外"发展论的代表人物卡恩认为,人类通过科技的进步、健全的管理和明智的政策,能够解决所面临的各种严重问题。正是由于对人类的未来充满信心,他认为如果不出现惊人的、出乎意外的"革新和进步",到20世纪末和21世纪初,那些发达国家将进入超工业社会,然后进入后工业社会,最后所有国家都会进入超工业经济和后工业经济阶段,这就是他所说的关于人类社会未来的无意外世界蓝图。可见,"无意外"发展论是一种理想化的理论。

进入知识经济社会后,人们开始更加理性地看待资源与环境问题、增长有无极限问题,认识到这些问题的实质是人与自然的关系,保持人与自然的和谐至关重要。于是,可持续发展论应运而生。

第二节 生态文明建设的必要性及发展进程

生态文明是社会发展的一个理想情况,也是我国将要实现的一个发展目标。这一目标的具体要求是"让人民群众喝上干净的水、呼吸清新的空气,有更好的工作和生活环境"。在社会主义现代化建设的过程中,我们要始终坚持资源节约和环境保护的基本国策,将"建设资源节约型社会、环境友好型社会"作为我国发展经济的一个战略性目的来对待,因为这不仅关系到人民群众的生活质量还关系到中华民族的生存发展。所以,生态文明的重大意义就不言而喻了[1]。

---

[1]沈满洪. 生态文明建设思路与出路[M]. 北京:中国环境科学出版社,2014.

一、生态文明建设的必要性

(一)生态文明是人类历史和世界文明发展的潮流

1.生态文明是人类文明发展的历史趋势

从古到今,原始文明、农业文明和工业文明三个阶段可以说是人类文明发展的大致过程。后期由于工业文明与信息文明的不断发展,大大推动了生态文明的提出。工业文明时代摆在首要位置的是人类社会经济的发展,人们更为重视的是获取最多的经济价值,在追求企业利益最大化的同时通常以牺牲环境为代价。三百多年来的工业文明发展史,对自然的破坏最为彻底,这一时期可以说是人类生态环境的破坏最为严重的时期。马克思说过一句话"人类转变的顶点就是生态危机",意味着工业文明将会被一种新的生态文明所取代,意味着未来文明的主导范式就体现在生态文明方面。

2.生态文明是顺应文明发展潮流的必然要求

生态文明之路刚开始出现便已崭露头角,成为众多发达国家的宠儿,成为整个人类发展的不二选择。这样的发展趋势俨然成为整个世界潮流。

近代以来三百多年的工业文明史,是人类改造自然能力不断增强的历史,也是人类生态环境不断恶化的历史。工业革命以来全球人口快速增长,从1750年的8亿人口增加到2008年的68亿人口。增长10亿人口的时间由100年(1830年10亿人口到1930年20亿人口)缩短为12年(1987年50亿人口到1999年60亿人口)。伴随着人口规模的急剧壮大,一个首要的变化就是人类的需求,而这客观上就要求生产规模的扩大。科技水平日益提高,人类越来越致力于发展现代工业,虽然现代工业比传统工业效率要高,但现代工业发展的基础能源还是石油、煤炭、天然气等,在现代工业的推动下,工业化、城市化进程日益加重。而随着整个社会的不断前进,发展过程中一些隐性的问题也随之浮出水面。伴随着现代文明机器运转的隆隆声,地球上可再生资源的消耗速度也超越了其再生的能力,而不可再生资源日益减少,人类也迟迟研究不出可以代替的能源。工业生产带来的废物逐渐增加,这给生态环境带来了深重的灾难。

20世纪50年代以来,世界各国已经普遍认识到自然的重要性,工业文明带来的弊端逐渐显露,因而整个世界开始探求一种新的文明之路。1992年联合国环境与发展大会召开,通过了以可持续发展理念为指导的《里约环境与发展宣言》《21世纪议程》等,是世界环境治理史上的标志性事件。可持续发展理念要求人口再生产、物质再生产和生态再生产协调统一,蕴含着代与代之间生态公平和正义的思想,是人类社会发展的指导性战略,被世界各国所重视。

3.生态文明是推动现代化发展的必然要求

几千年来,人类从原始文明出发,经过农业文明、工业文明,当前正踩在生态文明时代的门槛上。世界经济的快速发展面临资源、能源和环境的巨大压力和挑战,转变经济增长方式需要在发展理念上展开一场革命。生态文明倡导生态理念,开发生态技术,创新生态制度,发展生态经济,有利于人类解决经济发展和生态破坏的两难困境,短期内指引人类解决当前面临的一系列危机,长远则为人类可持续发展和繁荣指明新的价值导向。作为一种新的正在崛起的文明阶段,生态文明在人类历史发展进程中具有重大意义。

(二)生态文明对人的发展起直接的促进作用

生态文明反映人与大自然、人与人之间的和谐协调,是人类文明新的发展阶段。建设生态文明,对人的发展、社会经济文化的发展以及社会的全面进步,具有直接的促进作用。

1.生态文明为人类提供良好的社会生活环境

生态文明倡导人与自然的可持续发展,倡导建设全新的生态型社会,最终为人类谋取福祉。在生态文明的指引下,人类将迎来一个良好的社会生活环境。

(1)生态文明创建和谐社会

中华文化博大精深,"天人合一""与天地相似,故不违""主客合一""知周乎万物,而道济天下,故不过"等固有的生态和谐观,为生态文明的发展提供了哲学基础与思想源泉。

生态文明以和谐为指向,突出了和谐意蕴。在现代社会发展中,工业文明在彰显人类智慧的同时,又使许多人异化为"单面人",人性的扭曲、环境的破坏、人与自然的背离交织在一起,各种矛盾以不同的方式呈现出来。生态文明以和谐为指向,实现人与人和谐、人与自然和谐、人与社会和谐以及人自身的和谐,突出了和谐意蕴。

(2)生态文明促进社会人的身心健康和全面发展

除了物质需要和精神文化需要之外,生态的需要也应包括在人的消费需要之内。优美的生态环境使人满足于享受和发展的需要,大大有利于人的身心健康和全面发展。马克思在谈到未来社会时指出:"……通过人并且为了人而对人的本质的真正占有;因此,它是向人自身、向社会(即人的)人的复归……它是人和自然之间、任何人之间的矛盾的真正解决。""社会化的人,联合起来的生产者,将合理地调节他们和自然之间的物质变换……靠消耗最小的力量,在最无愧于和最合适于他们的人类本性的条件下进行这种物质交换。"保护并培育生态环境,为合理地调节人和自然之间的物质变换,实现"对人的本质的真正占有",促进人的身心的健康和全面发展,创造了极其重要的条件。

(3)生态文明促进社会文明和社会的全面进步

物质文明、精神文明、政治文明固然很重要,但是生态文明是这些文明发展和向前推进的基础,各种文明形态都离不开生态文明。如果说20世纪是工业文明的世纪,那么,21世纪应该可以说是生态文明的世纪。多年来,我国的生态平衡遭到破坏,甚至出现生态危机,改善并优化我们的生态环境,建设生态文明,是当代社会发展的客观要求和必然趋势,"走生产发展、生活富裕、生态良好的文明发展的道路"是我们今后一项极其重要的任务。

2.生态文明促进良好的社会消费方式的建立

随着社会的发展,我们生活在物欲横流的环境下,一旦消费的上限超过了地球生态的承受极限,后果将是毁灭性的,所以我们不得不对现代消费方式进行反思。

传统消费观强调最有效的向自然索取生活资料,最大限度地满足人的消费需求,这是导致生态问题出现的重要原因,要构建生态消费观,遵循适度消费原则、和谐共生原则、绿色消费原则、以人的全面发展为终极目标的原则等。取代传统的消费观和消费原则。

3.生态文明包含着人的生产方式的改进

生产方式属于历史唯物主义的基本范畴,是指在物质资料生产过程中生产力和生产关系的统一,二者相互联系、相互影响,共同组成生产的循环运动体系。它为促进人与自然协调、经济与环境融合,形成"人—自然—社会"全面均衡发展的生态化生产方式提供了内在构架。生态文明下的生产能克服经济发展超越自然生态系统承载能力的矛盾,改变以往那种高耗能、低产出、重污染、不循环的产业模式,转变生产方式,建设以生态规律为指导的生态化产业。

二、生态文明的发展进程

(一)西方生态文明发展历程

1.古代西方朴素的生态保护思想

古希腊文明体系是在一片肥沃的土地上发展农业,并以此为基础创立起来的。随着社会的发展,古希腊文明经过了一段极度繁荣的发展时期。随着人口的增加,土地危机加剧,大量的植被被破坏和过度放牧,致使古希腊的生态环境严重恶化。公元前590年左右,梭伦已经意识到雅典城邦的土地正变得不适宜种谷物,就极力提倡不要继续在坡地上种植农作物,提倡栽种橄榄、葡萄。几年之后,古雅典僭主庇西特拉图为了鼓励种植橄榄树,给雅典城邦的农民与地主颁发奖金。但是,为时已晚,那时雅典土壤的毁坏流失已到了无可挽回的悲惨境地。古希腊思想家柏拉图、亚里士多德等也曾发出告诫:人类的发展要与环境的承载能力相适应,人口应当保持适度的规模。

在罗马共和国后期,公元前60年左右,哲学家兼诗人卢克莱修就已经认识到意大利的土壤侵蚀及地力耗竭的严重性。他指出:雨水与河流正在侵蚀耕地,冲蚀土壤,使土壤流失,随着水流入海洋;地力枯竭,大地正濒临死亡,农民们为了养活自己,不得不耕种更多的土地,进行更艰苦的劳动;国力也随之下降。与卢克莱修几乎同时代的另一位古罗马历史学家李维曾探讨过在公元开始的最初10年中,与罗马激烈对战达四个世纪之久的沃尔斯查、艾奎安、赫尼查众多军队的口粮和给养来自何方。因为,李维生活的时代,这些地区的土地是如此贫瘠,只能勉强供养着很少的人口。李维虽然没能从自然环境的破坏中找出原因,但是也说明当时的有识之士已经纷纷探求人类如何合理利用脚下的土地进行生存的问题。

继承和发扬了古希腊、古罗马文明精华的西欧文明也是建立在一块保留着原始生产力的土地之上。总体来看,西欧的生态环境一直没有受到十分严重的毁坏,未威胁到西欧文明的延续。这主要有两个方面的原因:一是西欧大部分地区的气候十分有利于土壤的保持,适合于农业生产,特别是那些邻近大西洋和北海的地区具有典型的海洋性气候,帮助农民恢复了地力;另一方面是由于西欧人民长期以来付出了极大努力,不畏艰难困苦,实施各种适用措施,加固他们的文明赖以生存的自然基础。例如,西欧的农业生产始终分布在大部分较好的土地上,大片的林地从未被砍伐。

西欧农业生产没有对生态环境造成大的破坏,但随着农业生产的发展而大量增加的城市却带来了污染问题,特别是在人口集中的大城市,某些污染问题已经相当严重。可以说,现代西方文明从一开始就遭受这种环境问题的影响,尽管此类环境问题区别于以前文明所产生的生态环境恶化。所以,严格地说现代西方文明从开始阶段就不得不面对环境污染的挑战。例如,烟的公害就出现于12~13世纪的西欧。当时,英国烟害肆虐,已成公害。爱德华一世和爱德华二世时期,煤烟污染问题就已暴露出来,并有针对煤炭的"有害气味"进行的抗议。在理查德三世时期,鉴于煤炭燃烧产生的煤烟和气味,政府开始对煤炭的使用加以限制。

2.工业革命时期对人与自然关系的反思

18世纪兴起的工业革命,曾经给人类带来了巨大的惊喜。伴随着工业文明的不断显现,人与自然的关系发生了巨大的改变。特别是科学技术的发展,使社会生产力有了质的飞跃,人类利用自然达到改造自然的力量空前加大,创造了前所未有的财富。工业文明强调人类征服自然、改造自然,以高速掠夺自然资源为价值取向,极大地推进了人类文明的发展,人类文明达到一个前所未有的高度。然而,工业革命给人类带来的不仅仅是欣喜,还有诸多意想不到的后果,甚至埋下了人类生存和发展的潜在威胁。当人类还陶醉在工业革命的伟大胜利时,环境污染和生态破坏已经加剧,特别是污染问题,随着工业化的不断深入而急剧蔓延,终于形成了大面积乃至全球性公害,污染又进一步加剧了生态的恶化。

工业革命以后,人类开发自然的能力有了质的飞跃,机器化大生产的出现和普及,使各类自然资源特别是不可再生的自然资源以空前的速度被消耗,同时产生大量对环境具有深远影响的工业废物,导致环境问题爆发式呈现。工业革命以前,人类对环境的影响还在生态系统承受能力范围之内。工业革命以后,生产力水平有了很大提高,加上人口因素的影响,人类对环境的干扰和破坏,无论是在范围上,还是在强度上,都远远超过农业社会。特别是第二次世界大战结束后,资本主义发达国家经济飞速发展,工业大规模扩张对资源的开发和利用达到空前的规模和程度,在局部地区超过了环境承载力,直接导致了20世纪50~60年代频繁发生的"公害事件"。进入20世纪80年代以后,不少发展中国家也出现了与发达国家过去类似的情形。美国海洋生物学家雷切尔·卡森在20世纪50年代末,用了4年的时间研究美国官方和民间关于使用杀虫剂造成的污染情况的报告,进行了大量调查,在此基础上,于1962年推出《寂静的春天》一书。《寂静的春天》从污染生态学的角度,阐明了人类同大气、海洋、河流、土壤、动植物之间的密切关系,初步揭示了环境污染对生态系统的影响,提出了现代生态所面临的污染生态学问题。书中特别描述了有机氯农药污染使本来生机勃勃的春天都"寂静"了的可怕现实。

进入20世纪70年代以后,人们开始认识到:环境问题不仅包括污染问题,而且也包括生态问题、资源问题等;环境问题并不仅仅是一个技术问题,也是一个重要的社会经济问题。这个观点在1972年出版的美国经济学家德内拉·梅多斯著的《增长的极限》一书中有明显的体现,《增长的极限》明确地将环境问题及相关的社会经济问题提高到"全球性问题"的高度来加以认识。20世纪60年代,是环保意识和环保运动在西方发达国家兴起以及对生态环境问题开始进行科学研究的时期。从20世纪60年代起,随着环境问题的突显,在西方,一些马克思主义研究者发现了马克思和恩格斯的著作中有大量关于马克思主义自然观的重要论述,并在此基础上提出了生态学马克思主义。

3. 现代生态文明发展观

美国的生态经济学家、过程哲学家和建设性后现代思想家小约翰·柯布认为,生态文明不仅是一种不同于工业文明的发展模式,更是一种新的人的存在方式。他指出,西方的文明进程是一个与自然相疏离的过程,因而造成了当今全球性的资源环境生态危机,从人与自然的关系以及大多数人的生活质量来判断,不能说工业文明使人类社会处于日渐进步当中。进步的文明必须回归生态的视角或精神,恢复一种合乎生态的存在方式,为此,不仅需要技术上的解决方案,还需要改变或改善我们看待世界的方式和最深层的敏感性。在此,中国的道家或佛教以及西方哲学家怀特海式的建设性后现代主义模式也许对生态文明是有帮助的。

针对工业文明所带来的人口、环境与发展困境,应该确立一种新的生存意识与发展意识的文明观念——生态文明观,它继承和发扬农业文明和工业文明的长处,以人类与自然相互作用为中心,强调自然界是人类生存与发展的基础,人类社会是在这个基础上与自然界发生相互作用、共同发展的,两者必须协调,人类的经济社会才能持续发展。从生态文明观来看,人类与生存环境的共同进化就是生态文明,威胁其共同进化的就是生态愚昧,只有在最少耗费物质能量和充分利用信息进行管理的情况下,才能确保社会的可持续发展。

生态文明观是一种超越工业文明观的、具有建设性的人类生存和发展的意识,它跨越自然地理区域、社会文化模式,要求从现代科学技术的整体性出发,以人类与生物圈的共存为价值取向发展生产力,从人类自我中心转向人类社会与自然界相互作用为中心,建立生态化的生产关系和经济体制,从而保证人类的世代延续和"自然—社会—经济"复合系统的可持续发展。

(二)中国生态文明发展历程

1.中国生态文明发展历程

人类文明演替至今,大体经历了原始社会的采猎文明、农业文明、工业文明、后工业社会的生态文明等几个阶段。可以说,从远古时代的猎人开始,"人就从事推翻自然界的平衡,以利于自己"的活动。人类生存繁衍的历史,在很大程度上是人类社会同大自然相互作用、共同发展、不断进化的历史。从人与自然关系的历史演变来看,人类社会经历了"敬畏自然""征服自然""和谐自然"三个基本阶段。

(1)原始文明时期的原始生态和谐

我国原始社会的时段约为公元前200万年至公元前1万年,属于采猎文明时代。在原始文明时期,人类的生产力水平还很低,对自然的影响还很有限。只能通过采集或狩猎这样直接从自然界中获取所需的物质生活资料的方式,来维持人类自身的生存与发展。人的生存与发展,在很大程度上,还受生态规律的制约。由于原始社会生产力水平十分低下,从自然环境获取的产物多为水里的鱼,空中的鸟,森林野地的禽类兽类、野菜野果等,这些都是维系原始人生存的必要条件,人类只是被动生存在自然环境中的自然之子。自然界中食物的多少和环境的变化,都影响着每一个人类族群的发展,使每一个族群都需要较大的生存空间。好在这个时期,人类的数量很少,可供利用的自然空间很大,人类可以通过不断地迁移来寻找更适合自身生存的自然环境,以应对自然界的变化和扩大自身的生存空间。在原始社会以采集和渔猎为主的生产方式中,人与自然关系的和谐表现为人类对自然的敬畏和被动服从,维持着一种原始的和谐关系。

(2)农业文明时期的生态文明萌芽

我国农业文明的时段为公元前1万年至公元18世纪。在距今大约1万年以前,由于农业和畜牧生产方式的出现,人类开始由原始社会进入到古代农业社会,人类文明的发展出现了第一次历史性的转折和飞跃。其主要技术性标志就是青铜器、铁器、陶器、文字、造纸、印刷术等的出现以及物质生产方式由采集渔猎向农耕或畜牧的转变。这标志着人类已不再完全依赖自然界所提供的现成生活资料,而是可以利用自然界中的某些自然规律和生物力,来种植能为人提供食物的植物和驯养家畜等。人类在一定程度上摆脱了对自然的完全依赖关系,开始了对自然的改造和人化过程,逐渐形成了以农业为主导的人工自然体系。这一时期,生态环境对人类生产和生活的影响还很大,人类无论是在现实生活和精神认识上都不得不顺应自然规律。自然环境与生态条件对农业文明的进程起着重要作用。农业文明在生产力低下的情况下依靠农耕牧渔而发展,人与自然的关系是天人合一的。同时,人类也开始形成顺应自然的系统思想。但是,由于时代条件的限制,传统的生态伦理观在理论上必然存在各种局限性。它所关切的环境问题,基本上是滥伐森林、过度捕杀动物、水土流失、土地肥力退化等传统形式的、局部的、浅层性的生态破坏问题。虽然古代思想家在对待自然的态度上有一定合理性,但限于当时的经济发展程度和科学技术水平,他们还不能指出实现人与自然环境和谐相处的途径和手段。

这一时期,人类开始有能力操控自己的命运。"人定胜天""人为中心"的思想在农业文明时期也开始萌芽,并成为未来的主导思想。但这种主导思想在两千多年的演进过程中却走向了极端。由于人口的增加和生产力的逐步提高,人类在利用自然的同时试图改造和改变自然。但这种改造和改变通常伴随着很大的盲目性、随意性和破坏性,如盲目开垦、毁林肥田等生产方式。但是,人类生产力水平仍十分落后,人类还没有足够的能力去大面积破坏生态环境,人类对大自然掠夺和破坏整体上比较轻微。古代农业文明衰落的原因固然很复杂,比如外族入侵、内部战乱、统治者的奢侈腐化等,但究其根本原因却是"生态灾难",即破坏森林、过度使用土地、人口膨胀、水土流失。历史上绝大多数地区文明衰落的根本原因在于它们赖以生存的自然环境恶化。

(3)当代中国生态文明理念与实践的发展

中国提出建设生态文明经历了一个认识发展的过程,这既是中国共产党对马克思恩格斯生态哲学的认识不断深化的过程,也是将马克思主义的基本原理与中国当代实际相结合,实现马克思主义中国化的过程。当代中国生态文明理念发展的过程主要分为以下两个阶段。第一阶段是从1949年到20世纪90年代初,中国由农业国成为有完整的、门类齐全的工业体系的工农业国家。在进行恢复生产力的重点工作的同时,以毛泽东为核心的党的第一代中央领导集体将绿化祖国作为生态建设的重点。毛泽东同志要求"在十二年内,基本上消灭荒地荒山,在一切宅旁、村旁、路旁、水旁以及荒地上荒山上,即在一切可能的地方,均要按规格种起树来,实行绿化",并向全国人民发出"绿化祖国"的号召。1972年世界首次人类环境会议之后,中国逐步跟上了国际环境保护的潮流,并逐步参与到探索新发展观和新发展道路的艰难历程中。20世纪70年代,中国经济社会各项事业欣欣向荣,初尝改革开放成果。1978年,中国开始实行改革开放政策,经济发展步上了快车道。以邓小平为核心的党的第二代领导集体在紧抓重点任务的同时一直关注着生态的建设,将环境保护确立为基本国策。1978年,中共中央批准了国务院环境保护领导小组关于《环境保护工作汇报要点》,并提出"消除污染,保护环境,是进行社会主义建设,实现四个现代化的一个重要组成部分……我们绝不能走先污染、后治理的道路"。这是在中国共产党历史上第一次以党中央名义针对环境保护工作做出的重要指示。这标志着我国环保工作步入了中央最高决策层的新时期。同年,党中央、国务院做出了建设"三北"防护林体系的重大战略决策,开启了以重大生态工程推进生态治理的绿色行动。

1983年召开的第二次全国环保会议成为中国环保事业的一个转折点,环境保护被确定为基本国策,奠定了环境保护在社会主义现代化建设中的重要地位,确定了"预防为主、防治结合、综合治理""谁污染谁治理"的符合国情的环境政策。1989年国务院召开的第三次全国环境保护会议进一步明确了环保目标责任制、环境影响评价、"三同时"、排污收费等八项环境管理制度。在我国环保历史上,国务院分别在1981年、1984年、1990年、1996年和2005年发布了五个关于环境保护工作的重要决定。中国环境保护的政策、制度逐步产生,并正式走进国家政治、经济和社会发展的舞台,开辟了中国环境保护新的征程。

第二阶段是从20世纪末至今,走可持续发展之路,实现人与自然和谐发展,成为全球的潮流并逐渐成为世界各国的共识。

从20世纪90年代开始,党和政府开始更加关注经济、社会与环境的协调发展问题。党中央把握好"世界环境与发展大会"的重要契机,确立了可持续发展战略。1994年,我国率先制定出台《中国21世纪议程——中国21世纪人口、环境与发展白皮书》。1996年,在"九五计划"中,提出转变经济增长方式、实施可持续发展战略的主张。在全国的第四次环境保护会议上提出了做好可持续发展战略的五个方面的工作,一是坚持节约利用各种自然资源,协调发展一、二、三产业;二是控制人口增长,提高人口素质;三是消费结构和消费方式要有利于环境和资源保护;四是加强环境保护的宣传教育;五是遏制和扭转一些地方资源受到破坏、生态环境恶化的趋势。党中央提出的可持续发展战略对于构建社会主义和谐社会和促进生态文明的发展奠定了坚实的基础。

进入21世纪后,生态文明建设被提到了崭新的高度,"构建和谐社会""建设生态文明"等思想,是马克思主义生态文明思想中国化的崭新体现。2002年,生态良好的文明社会被列为全面建设小康社会的四大目标之一,2003年,以人为本,全面、协调、可持续的科学发展观出台,"统筹人与自然和谐发展"成为实现社会全面协调发展的一个重要方面,使人们对生态文明的认识又上升到一个新的高度。随着经济的不断发展,

"建设生态文明"成为实现全面建设小康社会奋斗目标的五大新的更高要求之一,首次提出建设生态文明的目标,把建设生态文明作为一项战略任务和全面建设小康社会目标首次明确下来。这就真正把生态文明建设融入中国特色社会主义道路,成为落实科学发展观、构建和谐社会、有中国特色发展道路的内在要求。2012年,首次把"美丽中国"作为未来生态文明建设的宏伟目标,把生态文明建设摆在总体布局的高度来论述。将生态文明建设纳入中国特色社会主义"五位一体"总体布局和"四个全面"战略布局。2016年,进一步勾画"绿色路线图",开启生态文明新时代,提出"加快生态文明体制改革,建设美丽的中国"的策略。

当代中国生态文明理念和实践的发展进程,是中国共产党结合时代的变化和发展要求,与时俱进,创新、发展马克思主义生态理论的过程,是在人与自然之间既和谐又冲突的运动中形成的,是人与自然关系的一次质的飞跃,是马克思生态哲学发展的最新理论成果,更是对中国特色社会主义建设生态环境保护思想的继承和升华。

第三节 经济发展一般性理论

一、马克思经济发展理论

马克思的经济发展理论,作为马克思主义经济学说的重要组成部分,是社会主义国家和人民进行建设的理论武器。这一理论包括以下三个要点。

第一,马克思从历史唯物主义出发,将人类历史划分为由低到高的五个发展阶段:原始社会、奴隶社会、封建社会、资本主义社会、社会主义和共产主义社会。马克思指出生产力与生产关系的矛盾运动推动着社会前进,生产力的发展是一种社会形态演变为另一种更高级的社会形态的根本动力。马克思对社会形态及其变动原因的论证,表明了他对人类社会发展进程的一般看法。

第二,马克思考察了资本主义经济发展过程,揭示了资本主义生产方式运动的规律。他指出,由于资本主义生产方式的固有矛盾,随着经济发展,发展的手段和目的之间的矛盾越来越尖锐化了,资本的利润率表现出下降趋势。利润率下降趋势使得资本家之间的竞争更为激烈,大资本吞噬弱小资本。同时,工人的实际工资由于资本家拼命追求利润、加重对工人剥削而不断相对降低,劳动群众支付能力需求与商品供给之间的差距也加大了。这些矛盾尖锐化的必然结果便是爆发推翻资本主义的革命。

第三,马克思以社会资本扩大再生产模型描述了经济增长的条件。他把社会总产品在价值上分解为不变资本价值、可变资本价值和剩余价值三部分;又在物质形态上,把社会生产划分为生产资料的第Ⅰ部类和生产消费资料的第Ⅱ部类两大部类。马克思指出,只有当社会总产品各个组成部分之间保持一定的比例,国民经济才可能不断增长。

二、西方经济发展理论

发展经济学作为一门学科,虽然在第二次世界大战之后才兴起,但在此之前,西方经济学说中已经有了丰富的经济发展思想。经济发展思想是和资本主义同步出现的。随着资本主义的出现与成长,经济学家们越来越重视研究提高生产力水平、增进社会财富和改善国民经济结构等问题,这些问题归结到一点,就是生产日益社会化过程中的经济发展问题。后来的发展经济学家又在提出自己的理论时,都或多或少地把其学说追溯到早期经济学家的论著中,引经据典,以论证其思想。这些早期经济学家们主要有亚当·斯密、大卫·李嘉图、马尔萨斯、李斯特和马歇尔等[1]。

(一)亚当·斯密的古典经济增长分析

亚当·斯密是把经济增长问题作为论证中心的第一位经济学家。他认为国民财富的增长取决于两个条件:一是专业分工引起劳动生产率提高;二是人口和资本不断增加引起从事生产劳动的人数增加。因此,人口分工和资本是经济增长的重要因素。他进一步从经济增长需要各个因素适当配合的思路出发,论证了资本积累对增加劳动数量和提高劳动生产率的中心作用,从而得出储蓄和资本积累是经济增长最根本的决定因素。斯密的这种看法,为后来的发展经济学家强调资本形成在经济发展过程中的作用播下了思想的种子。此外,在分析资本时,斯密还明确

①刘应杰. 中国经济发展战略研究[M]. 北京:中国言实出版社,2018.

提出准资本应该包括"所有居民既得的有用能力"。当代发展经济学家认为这就是他们"人力资本"概念的起源。

(二)大卫·李嘉图对古典经济发展理论的重要贡献

大卫·李嘉图对经济发展理论的第一个贡献是分析了人口增长粮食生产和经济增长之间的关系。他认为,随着人口增长和相应的食物需求增加,人们将不得不对所耕种的土地追加投入和开垦新的较贫瘠的土地。这时每生产一单位谷物所需的劳动增加了,即收益递减规律开始发挥作用,因此粮食价格必然不断上升。粮食价格上升使得工人的货币工资相应提高。货币工资增加,一方面刺激人口增长,另一方面又减少了资本家的利润,使利润率趋于下降,从而抑制了资本积累的动机,经济增长速度便放慢了。当人口增长率超过资本增长率时,由于劳动供给大大超过对劳动的需求,货币工资将会回到劳动的"自然价格"水平。这种现象,当代发展经济学家称之为"李嘉图粮食瓶颈现象",是早期用来解释不发达现象的一个重要论点。

李嘉图对经济发展理论的第二个贡献是分析了国内经济政策和对外贸易政策与经济增长的关系。他和亚当·斯密一样,在国内经济政策方面,主张实行自由放任,在对外贸易政策方面,主张实行自由贸易。李嘉图认为,在任何商品的生产上,各国劳动生产率的差距并不都是相等的,因而各国必需生产比较成本有利于自己的商品,然后相互交换,这样各自的生产率都可以提高,彼此都可获得比较利益。李嘉图进一步指出,随着各国间贸易的扩大,劳动者的食物和必需品就可以较低的价格进入市场,从而使货币工资持久跌落,利润率相应上升。利润率上升有利于扩大资本积累,最终有利于国民财富增长。李嘉图的这一思想,后来成为发展经济学家设计发展中国家对外贸易战略的理论基础。

(三)马尔萨斯的人口理论

马尔萨斯着重研究了人口增长和经济增长的关系,在此基础上提出了他的人口理论。马尔萨斯认为,从长期看,人口将以几何比率增长,而食物产量因受农业生产收益递减规律的制约,只会以算术比率增长。因此,人口增加不可避免地会导致人均产量下降和人均消费减少,从而产生贫困化。当人均收入降低到最低生存费用水平之下时,便会出现一种自然的机制来抑制人口过度增加。这种机制包括饥荒、战争、瘟疫以及控制生育等。这些机制强有力地抑制了人口增长，使人口增加与生活资料的生产保持平衡。在这种平衡状态中，人均收入处于最低生存费用水平，因而全部收入都被用于消费，没有能力进行储蓄。由此，马尔萨斯认为，不断增长的人口是经济发展的重要约束条件。当代发展经济学家正是在马尔萨斯人口论的基础上提出了"人口陷阱"理论，这一理论认为人口过度增长是发展中国家不易摆脱贫困和落后的重要原因。

（四）李斯特对落后国家经济发展问题的研究

李斯特是以研究德国经济发展为主旨的德国历史学派的代表人物。由于德国工业化起步比英国晚约一个世纪，当时的经济发展相当落后，所以李斯特也是第一个明确地以落后国家经济发展问题为研究主题的经济学家。他认为，落后国家的经济发展过程是从农业社会转变为工业化社会的过程，这个转变取决于两方面因素：劳动力质量、可利用的物质资源状况和社会制度。其中，劳动力质量是决定性的因素，而社会制度则是经济发展的前提条件。李斯特强调，对落后国家而言，国家和政府在促进本国经济发展中的作用是非常重要的。

在对外贸易方面，李斯特站在落后国家的立场上，反对自由放任政策，竭力主张采取国家干预和贸易保护制度。他指出，一个农业国只靠用农产品交换别国工业品是无法实现国家和民族独立自主的，一个无保护制度的国家也不可能成为新兴工业国。因此，他主张政府应用贸易保护政策扶植新兴工业发展，直到这些工业强大到足以与外国工业竞争。但李斯特又注意到实行保护制度要有步骤，不能完全排除国外竞争，以免与世界经济完全脱节而造成闭关锁国。李斯特的这些思想，对后来的发展经济学家的工业化和贸易保护战略思想的形成产生了一定影响。

（五）马歇尔与新古典经济发展理论

马歇尔是新古典学派的代表。他的学说是西方经济理论的第二次大综合，其中也涉及经济发展问题。

马歇尔对经济发展理论影响最大的是他的经济发展观。首先，马歇尔认为经济发展是渐进的连续的、平稳的过程。经济变化不是突然的，而是通过边际调节来推进的。边际调节反映在价格结构上,因此,市场价格机制是促进经济发展的最好机制。其次,马歇尔认为经济发展过程是和谐的、累积的,以自动均衡机制为基础的。因此,在发展过程中,冲突会产生秩序,出于自私目的的竞争会出现和谐。自动均衡机制会保证各阶层收入主体从发展中普遍得到好处。

马歇尔还认为工业方面的报酬递增趋势会逐渐压倒农业方面的报酬递减趋势,从而不会出现对经济增长的障碍,经济持续增长是可能的。经济发展的利益会自动地逐步扩散分布到社会全体。

马歇尔的经济发展观成为新古典学派经济发展理论的主要旗帜。例如,当代西方发展经济学家一般认为,经济发展中会出现横向的"扩散效应"和纵向的"涓流效应",这两种效应意味着经济发展带来的利益普及到广大的社会各个阶层,因此经济发展使所有的人受益。

第四节 生态文明与经济发展的关系

一、生态文明与经济发展的辩证关系

生态文明与经济发展的关系是辩证的,二者相互依存、不可分割。良好的生态环境有利于经济的正常运行,生态环境问题也只有在经济发展过程中产生。经济的发展为生态文明建设提供了先进技术生产力以及坚实物质基础。

(一)生态文明建设是经济发展的载体和动力来源

良好的生态环境不仅能优化经济增长,还能促进经济又好又快发展。主要表现以下几个方面:首先,在生态文明建设过程中,通过严格执行环境准入制度、实行严厉的环境经济政策,积极推进清洁生产和绿色营销,不仅有利于优化企业产业结构,转变经济发展方式和生产、生活方式,还能增强政府对经济发展的宏观调控能力。其次,在社会主义经济发展过程中开展节能减排、排污治理和实施生态恢复工程,"治老补新、以新带老",以此不仅优化了产业结构,也为经济的持续健康发展提供了强大驱动力。再次,生态文明建设能带动绿色节能产业及相关产业发展,推进和鼓励科技进步、增大就业范围,为经济建设培育了新的经济增长点。最后,良好的生态环境质量已经成为生态文明建设的重要组成部分,不仅可以增强城市吸引力和凝聚力,增加人民的幸福感,同时也为城市的经济发展注入了强大动力[①]。

(二)经济发展是生态文明得以实现的物质保障

经济发展是一个国家的首要硬指标,不仅代表着先进的生产力,也代表着一个国家的综合国力,只有经济实力上去了,才能更好地进行生态文明建设。首先,经济发展对生态文明理念的推广、生态知识的宣传以及生态教育工作的开展等提供了坚实的物质保障,为生态文明所提倡的绿色节能产业提供了强大技术支撑。其次,在社会主义经济建设过程中,先进科学技术会极大地提高资源的有效利用,增强生态资源利用率和产品生产率,减轻生产链条上的资源浪费,同时也减轻了经济建设对生态环境的阻力。再次,就我国而言,生态问题总体情况不容乐观,要想解决生态文明下的各种生态问题归根到底还得靠经济发展。最后,我国仍是发展中国家,处于社会主义初级阶段的国情也没有改变,要想消灭贫困缩小城乡贫富差距,也得依靠经济的发展做保障。

虽然一个国家经济的发达与否代表着该国家生产力水平的强弱,但经济发展决不能树立"先破坏后恢复,先污染后治理"的错误发展理念,只顾经济效益,破坏经济发展与生态环境的关系。在经济发展中应该坚持绿色的经济发展观念,走新型工业化道路,协调推进经济发展和生态保护互惠共赢,推动我国经济又好又快发展。

二、生态文明与经济发展的内在一致性

生态文明融入经济发展要求我们摒弃以前单纯以经济建设为中心的经济发展思路,秉持生态文明建设与经济发展的内在一致性,正确处理二者关系。实现经济发展的绿色化,将生态环境的可承受程度与经济发展速度相结合,把循环经济、低碳经济和绿色经济看作是经济发展过程中新生的一个增长点,实现经济发展与生态文明建设协调发展。

---

①方时姣. 生态文明创新经济[M]. 北京:中国环境出版有限责任公司,201[.

（一）生态文明与经济发展价值理念的内在一致性

随着经济的高速增长，我国越来越受到环境与资源的瓶颈约束，产生了以低碳经济、循环经济、绿色经济为代表的新的经济发展模式以及一种新的文明形态即生态文明建设。在核心价值体系中，两者具有相同的价值理念，即都坚持可持续发展观念，坚持人与自然和谐发展观念，都旨在实现人与自然、人与社会的和谐发展。以低碳经济、循环经济、绿色经济为代表的新经济发展模式，不仅是实现经济现代化的主要方法，也是生态文明发展的重要推动力。因此，生态建设是建设可持续发展的现代工业化体系不可或缺的条件，绿色化理念在我国工业化生态体系中的落实，就是建设生态示范区、生态产业园区、生态化企业，这既是生态文明的现代化，也是经济发展的绿色生态化。

（二）生态文明建设与经济发展的关注目标的内在一致性

二者的关注目标的内在一致性主要表现在以下两个方面。首先，生态文明建设和经济发展都关注自然生态环境问题。经济发展重点关注生态资源的持续性问题，即怎样的资源环境承载力可以支撑一定的经济建设。而生态文明主要关注整个生态系统的生态环境状况，经济发展和生态文明都共同关注生态环境问题，实现人与人、人与自然、人与社会和谐发展，是二者共同关注目标。其次，二者都属于社会主义事业重要组成部分，满足人民群众对"碧水蓝天"的良好生态环境新期待、追求人与自然和谐共赢和绿色发展、协调"四个全面"实现美丽中国梦，是经济发展与生态文明建设的共同目标和追求。

第二章 社会主义生态文明

第一节 社会主义生态文明的概念

"社会主义生态文明"这一术语本身就是正面意义上的,对于我们正在进入一个发展新阶段的国家的政治与社会动员也必将发挥积极的作用,但是,从纯学理的角度说,这一术语作为或要想成为可以分析、解析甚至批评的科学性概念,还需要做很多细致而深入的研讨。基于此,笔者觉得有必要更为系统而全面地做一些基本概念方面的梳理工作,以便为这一议题学术讨论的深化提供一种理论背景或框架。需要指出的是,笔者在此选择的更多是一种生态主义或环境政治学理论的视角,而不是传统意义上的或新型的社会主义理论的视角。正因为如此,也许可以把这种讨论视为生态主义与社会主义间关于"生态文明"的一种理论对话[①]。

一、社会主义生态文明的概念

"社会主义"(Socialism)源于古代拉丁文,意为"同伴"。语词"共产主义"(Communism)源于古代拉丁文,意为"公共"。语词"社会主义"与"共产主义"的广泛使用是在19世纪20年代的英、法等西欧国家。在19世纪40年代,马克思与恩格斯创立了科学社会主义,当时他们只是将自己的学说称为"共产主义"。到了19世纪60年代,两个原因的出现,使得马克思、恩格斯的著作中"社会主义"与"共产主义"两个语词表示同一个词项的内涵。这两个原因一个是马克思主义更加广泛的传播,另一个是社会主义(当时也可以叫共产主义)的影响力越来越大。这时的社会主义(共产主义)指的是一种新社会形态,这种形态将资本主义私有制改造成更

---

①胡刚. 中国特色社会主义生态文明建设路径研究[M]. 成都:电子科学技术大学出版社,2018.

加高级的公有制。

　　20世纪以来,随着科学社会主义理论与实践的不断发展,马克思主义者通常把共产主义社会的第一阶段称为社会主义社会,以区别于共产主义。这时,词项"社会主义"的属概念还是社会形态,但种差变为两个,一个是社会化劳动基础,一个是劳动人民掌权。语词"生态"源于希腊语,原意为"我们的环境"。而后,在相当长的时间里,语词"生态"的使用一直没有跳出自然生态这个范围,学科生态学就是从自然环境研究开始而形成的。当今,语词"生态"已渗透到各个领域,涉及范畴越来越广泛。语词"文明"源于拉丁语,原意为"公民在道德约束下的行为准则"。语词"文明"是随着人类学的出现发展而变为广泛使用的语词的。

　　20世纪以后,"文明"一词逐步被引入各个学科,形成各种各样的定义。语词"生态文明"(Ecological Civilization)并不是"生态"与"文明"的简单组合,而是生态和文明这两个概念的有机结合。生态和文明两个概念的结合不再单纯地指某物或某人,而是更加强调二者间的关系。一种是由以生态为基础的引发对于"人与自然"关系的思考,一种是由文明引发的对于"人与人"关系的思考。这里将生态与文明分开来只是用于解释,其实二者间不应该具有二元性,而是一个整体。并且,科学社会主义包含社会主义生态文明,所以"人与自然"关系和"人与人"关系的实践是在科学社会主义的基础框架中的。所以,将"社会主义生态文明"定义为"研究在改变资本主义世界建设社会主义世界的实践中处理好人与自然、人与人关系的一般规律的科学"是合理的。从横向视角来看,科学社会主义中的生态文明与其他各种文明都是实践中起重要作用的。

　　在我国,生态文明还是建设中国特色社会主义伟大事业总体布局的有机组成部分。在中共十八大提出的"五位一体"总体布局中,生态文明的重要性体现出我国的最新发展理念,体现出"绿水青山就是金山银山"的强烈意识,体现出中国共产党执政理念现代化的逻辑必然。目前,由于社会主义生态文明理论的提出和建设的实践时间还不长,加上人们对生态和文明两个语词的认识还存在差异,所以对该语词的概念,国内马克思主义者存在不完全一致的解释,在概念上还存在着多义性和复杂性。但是,词项"社会主义生态文明"的概念是"研究在改变资本主义世界、建设社会主义世界的实践中处理好人与自然、人与人关系的一般规律的科学"，这一点各家大概是能够取得一致看法的。

二、社会主义生态文明的特征

（一）先决性

生态文明是人类文明体系的基础。适宜人类繁衍生息和生存发展的环境是生态文明的基本内容。社会主义生态文明是人们从事一切活动的基础，是人类物质生活和精神生活的基础，是现代文明向更高阶段发展的基础，是其他文明包括物质文明、精神文明和政治文明进入更高阶段的支撑，在"五位一体"总体布局中具有鲜明的基础性和先决性特征，决定了政治、经济、文化和社会建设能否得到延续和发展，是人民根本利益的首要体现，关系到全面建设小康社会的全局，关系到建设中国特色社会主义的全局。

（二）可持续性

工业文明下的经济社会发展通常采取先发展后治理的模式，对资源和环境通常采取的是耗竭性的开发和利用，造成许多地方的生态环境无法修复。建设社会主义生态文明，就是通过资源的合理开发、环境的有效保护和循环经济的快速发展等举措，实现生态系统的自我修复，使经济社会得以可持续发展。

（三）全面性

社会主义生态文明中人与自然是一个有机整体，是一个完整的系统，全面覆盖了自然界的万事万物，经济社会发展成果更广泛地惠及人民群众。这与收入分配差距缩小、中等收入群体持续扩大、社会保障全民覆盖、人人享有基本医疗卫生服务、中国人民"共同享有人生出彩的机会，共同享有梦想成真的机会，共同享有同祖国和时代一起成长与进步的机会"是完全一致的。

（四）协调性

人口、资源和环境的协调发展是社会主义生态文明的重要体系。只有生态系统中不同主体保持协调与平衡发展，才能形成稳定的生态。因此，在社会主义生态文明中，要求人与人之间、人与自然之间、城乡之间、区域之间和国家之间都要保持协调发展局面，要促进现代化建设各方面相协调,促进生产关系与生产力、上层建筑与经济基础相协调。

(五)开放性

社会主义生态文明具有无限广阔的包容性、一个开放的文明,是有活力的文明,强调并保护人、生物、自然和社会的多样性,注重以改革创新驱动经济社会发展,以开发交流促进文明的交融与发展。

(六)和谐性

社会主义生态文明是人类遵循人与自然和谐相处的文明,也是人与人和谐相处的文明,强调不同民族、不同肤色人种的和平共处,不搞种族主义和霸权主义。

三、社会主义生态文明的研究对象

根据词项"社会主义生态文明"的概念可以确定,社会主义生态文明的研究对象是人与自然的关系和人与人的关系。这个研究对象还有个时间前提,就是在改变资本主义世界、建设社会主义世界的实践中。这个时间前提是对对象内涵的单次概括。因此,社会主义生态文明所研究的对象的范围包括两个社会形态和两个社会形态之间的过渡时期。两个社会形态,一个是资本主义社会,另一个是社会主义社会。虽然社会主义生态文明研究对象的范围包括了不同时期,但这不等于说,社会主义生态文明的研究对象在这些不同时期中都是同等重要的。比如:在资本主义世界里,科学社会主义实践就是以革命为中心的。在工人阶级的政党未掌握政权时,生态文明相对于政治在这个时期,就显得不那么重要了。同时,由于资本主义的固有矛盾,其不能从根本上解决生态问题。加上生态文明的基础性日益明显,生态文明的重要性就随着科学社会主义是实践的推进而逐渐显现,尤其是在建设社会主义社会的实践中越发重要。同时,处理好科学社会主义实践中人与自然、人与人关系的实践是非常系统科学的工程,要完成这个实践,就需要运用许多科学为之服务。在马克思、恩格斯一生丰富的理论成果中,马克思主义生态学对社会主义生态文明的重要性也很明显。马克思主义生态学包含了马克思主义理论指导下的大量生态学成果,与生态文明理论具有很强的联系性。由于这个原因,马克思主义生态学又是社会主义生态文明的理论前提。因此,马克思主义生态学的内容虽然不是社会主义生态文明的研究对象,但是马克思主义生态学的研究对于社会主义生态文明理论的发展也具有重要意义。

第二节 生态文明的社会形态与经济形态

在相当长的一段时期内,我国大多数学者并没有充分理解马克思主义,没有准确把握生态文明社会的经济形式,把主要精力都放在了社会经济模式方面,根本就没有认识到生态文明本身就是一种极具创新色彩的经济形式。因而,理论界、媒体界和决策层号召人们树立生态文明的发展理念,也就只能把它作为一种新的经济社会发展模式,去改变传统(即现存)的经济社会发展模式即工业文明模式。在此,我们必须强调的是,生态文明作为一种后工业文明之后的文明形态,是社会形态和经济形态内在统一的崭新的社会经济形态①。

一、生态文明的社会形态

(一)生态社会是现代人类文明发展的历史趋势

从人类社会文明发展史来看,农业革命是人与自然之间物质变换关系方式的第一次巨大变革,使社会生产技术由农业技术体系代替了采猎业技术体系,人类文明获得了手工生产力,创造了灿烂的农业文明,人类社会发展进入农业文明社会,这是伟大的创新。工业革命是人与自然之间物质变换关系方式的第二次巨大变革,使社会生产极大地由工业技术体系代替了农业技术体系,使人类文明获得了机器生产力,创造了辉煌的工业文明,人类社会发展由农业文明社会进入工业文明社会,这是人类文明发展的伟大创新。当代人类社会文明发展正处于生态革命的巨大变革中,这是人与自然之间物质变换方式的第三次巨大变革,使社会生产技术必将由生态技术体系代替工业技术体系,使人类文明获得以生态生产力为基础、与经济生产力有机统一的生态经济生产力,创造比工业文明更加辉煌灿烂的生态文明,人类社会发展将由工业文明社会进入

①陈红,孙雯. 人类命运共同体:新时代中国特色社会主义生态文明的核心旨趣[J].思想政治教育研究,2020,3(02):78-82.

生态文明社会。

　　生态时代从低级阶段过渡到高级阶段,人类社会也就由工业社会进入生态社会。当然,这是一个相当长的发展过程。但是,令人感到欣慰和鼓舞的是,现在我们已经看到生态社会的苗头,尤其是在当今发达国家里,生态经济活动已成为人们现实生活的一个重要部分。可以预测,大约到21世纪后期,就会有国家进入生态社会阶段。所以,农业社会—工业社会—生态社会被列为人类社会文明递进的发展序列,是符合生产力发展和人类社会发展的客观规律和必然进程的。

　　20世纪中后期以来,在对人与人、人与自然、人与社会关系进行理性反思与审视基础上,生态文明理念开始逐步深入人心。当前,将生态文明界定为社会形态意义上的概念,研究如何实现人与自然和谐相处、人类社会与生态环境协调发展,不仅能有力推进生态社会建设的理论探索和实践创新,还能对人类社会文明未来的发展向度进行更深入、更准确的洞察。中共十九大以来,党把生态文明建设作为发展中国特色社会主义事业的有机组成,整体部署、全面推进,一个以生态文明为标志的中国特色社会主义时代即将到来,生态文明与社会主义相结合,是对社会主义本质的重大发现。在中国,生态文明已经从理论走向实践,这不仅开创了社会主义事业发展的新路径,而且是引领人类社会文明发展的新曙光。

(二)生态文明是人类社会文明的新形态

　　生产力的发展水平决定着人类社会文明的进步程度,资源配置、技术利用、生产效率等是其最重要的表现。迄今为止,人类社会文明发展已经经历原始文明、农业文明、工业文明三个历史阶段。

　　在工业文明时代,社会生产依靠科学技术和机器大工业而取得了空前成就,使人类沉迷于征服和改造自然的狂热中。然而,对大自然强制、猛烈、无节制的开发和索取,也导致了自然对人类的报复,资源短缺、环境污染和生态破坏表现出的生态危机,日益成为威胁人类生存发展的全球性问题。在"人是自然界主宰"思想的指导下,工业文明"在价值观上,不承认自然价值;在思维方式上,运用线性非循环思维发展线性经济"。三百多年来,工业文明的发展使人类在世界范围内征服自然的活动达到极致,尽管人类也付出了巨大努力试图扭转,然而环境问题在全球范围仍然只是"局部有所改善,整体继续恶化"。一系列全球性的生态危机说明:工业文明是人类社会文明发展不可持续的根本原因,工业文明的生产模式不可能自我缓和生态危机,地球上的资源再也无法继续支撑工业文明的发展。

工业文明的发展困境,成为人类社会文明进步的重大转折机遇。工业文明价值观的扭曲、生产方式的片面和发展模式的不可持续,对整个人类环境乃至人类生存形成了巨大威胁。人类社会文明的发展迫切要求超越工业文明。生态文明则强调人类在认识和改造世界的时候,应遵循人与人、人与社会、人与自然协调发展的客观规律。将生态文明建设成为延续人类的生存发展的新社会形态,实现人、自然、社会的全面进步、和谐共生,是当今时代发展的必然。以"人与自然的和谐"为目标,不仅体现着一种文明理念和价值体系的转变,还意味着人类社会历史从工业文明向生态文明时代的重大转型。因此,只有实现从工业文明向生态文明的转型,人类才能从总体上彻底解决威胁人类文明的生态危机。社会形态的变革,是人类走出生态危机的必由之路,这条道路是人类自我反省、科学总结经验教训的结果,是历史必然性与现实必要性的辩证统一。我们有理由相信,生态文明必将以否定之否定的形式来实现对工业文明的否定和超越。

(三)生态文明和中国特色社会主义的本质统一

从20世纪中叶起,为了保护环境,西方国家投入了巨大的人力、物力和财力,调动优秀的科技力量,运用最新的科技成果,来开展环境科学研究、发展环境保护产业。虽然人类做出了巨大的努力,但是环境问题在全球范围内仍然是"局部有所改善、整体持续恶化"。进入21世纪,因发达国家生产过剩、过度消费等引发的环境污染、公害事件依旧频频而至。为什么人类付出了巨大努力,世界环境却仍然继续恶化呢?

正如马克思所说"在资本主义制度下自然界不过是人的对象,不过是有用物"。资本的本性使得资本主义生产总要无限扩大,工业文明的进步始终是以破坏自然环境为代价的。生态危机形式上表现为人与自然关系的恶化,实质上却是资本疯狂掠夺自然所导致的,是资本与自然关系的危机。用生态危机缓和经济危机,这是当代资本主义社会的新危机。生态危机不仅是西方发达国家工业文明发展定式的恶果,也是当代资本主义社会内部矛盾不可调和的产物,是其本身不可能克服的危机。

　　资本主义的社会基本矛盾不仅导致社会危机,还造成生态危机;而只有在社会主义条件下,社会主义的原则和生态文明的原则才能实现完美结合。日本一桥大学岩佐茂教授就曾指出:"社会主义在本质上是生态社会主义。"党的十七大报告将建设生态文明列入全面建设小康社会的奋斗目标,这是中国共产党在积极构建社会主义和谐社会的实践中总结出的重大创新理论。这说明,生态文明不仅是发展中国特色社会主义事业的实践要求,还是马克思主义中国化发展的题中之意。

　　社会主义制度是生态文明建设的重要前提。从社会制度着手分析人与自然关系的异化是马克思主义的一个基本观点。资本主义生产方式下,资本的无限逐利性造成了对大自然的疯狂掠夺,劳动异化必然带来生态异化。虽然,生态危机的程度会随着资本主义的自我调整出现缓解,但是资本的本性没有变化,生态危机的本质就不可能变化。当前,中国共产党将生态文明建设作为发展中国特色社会主义的历史使命,把实现好、维护好、发展好最广大人民的根本利益,作为发展中国特色社会主义的出发点和落脚点,坚持以可持续发展为统领,推动资源节约型和环境友好型社会建设,促进经济社会的全面、协调、可持续发展,实现社会公平正义和共同富裕。这就是中国特色社会主义的制度优越性。归结起来,中国特色社会主义和生态文明有着共同的目标使命,那就是:坚持以人为本,实现人的自由而全面发展。

　　与此同时,生态文明也是发展中国特色社会主义的应有之义。当前,中国经济高速发展的成就举世瞩目,但我们属于发展中国家的基本国情没有变,仍然面临着加快发展速度和提高发展质量的双重任务。在工业化迅速推进的同时,环境污染、资源短缺、生态破坏等问题也逐渐突显,并成为社会主义物质文明、精神文明和政治文明进一步发展的重要制约因素。实践证明,生态文明是一个国家、民族赖以生存和发展的前提。中国发展已进入一个新的历史阶段,但是如果沿用工业文明的发展模式,是不可能彻底解决社会(人和人)与生态(人和自然)的基本矛盾的。在基本国情和严峻的现实面前,我们迫切需要走出一条生态文明和工业化共同发展的新路。生态文明与中国特色社会主义相结合为我国的发展提供了新的更高的平台,是我们摒弃传统的工业文明发展模式,走生产发展、生活富裕、生态良好的新型文明发展道路的必然要求。因而,"生态文明"作为全面建设小康社会的奋斗目标写入党的十七大报告,把生态文明作为社会主义的历史使命,这是有伟大的现实和历史意义的。

(四)构建中国特色社会主义的生态文明社会形态

社会形态指社会经济与物质基础和上层建筑与社会活动这二者同时构成的社会模式,其变革反映着人类社会在社会基本矛盾推动下的自然历史过程。建设生态文明,发展中国特色社会主义,是当代中国社会的一次重大转型,需要伴之在社会政治形态、经济形态、文化形态等方面实现一系列的转变。

超越工业文明"以资本为本"的社会,建设生态文明"以人为本"的社会,这是建设生态文明的政治目标。2003年,我国确立了科学发展观的指导地位;2004年,国家提出了构建社会主义和谐社会的目标。这就为中国特色社会主义确立了经济社会的全面发展和人的自由而全面发展两项崇高的价值追求。中国特色社会主义生态文明建设的政治目标,就是把社会主义原则与生态学原则结合起来,发展社会公平和生态公平、社会正义和自然正义。归结起来,就是要积极推进人民民主,从维护人民群众的根本利益出发,把生态可持续性作为自由平等的重要条件,促进社会政治制度、政治权利意识和政治行为方式的生态化转型;要大力发展生态民主,以生态整体系统的良性运转为目标,将自然界纳入人类社会共同体,消除资本对劳动和生态的掠夺,使每个公民平等地享有生态权益、公平地承担生态责任,让发展的成果惠及全体人民和子孙后代。

人类走上不可持续的发展道路,最集中地表现在经济活动中。具有破坏性的工业文明和具有盲目性的市场经济的结合,是形成生态危机的经济原因。党的十七大提出了"加快经济发展方式转变"的重要任务,推动这种转变,就是要在确立自然价值的基础上,实现生产方式的低碳、循环和生态化向度的转型。促进发展方式转变,要从我国的基本国情出发,充分发挥比较优势和后发优势,高度重视科学技术的发展和利用,发展非线性的循环经济,推动产业结构优化升级,实现经济发展方式由粗放型向集约型转变,走信息化、现代化和工业化相结合的生态工业化发展道路;要以"绿色GDP"为中心,重新构建国民经济的发展体系,将社会物质生产创造的劳动价值和自然界物质生产创造的生态价值,都纳入经济发展布局,大力发展生态产业、推进绿色生产,实现生产力发展的经济效益、社会效益和生态效益的统一;要将市场调节、政府调节和生态调节有机结合起来,健全法制、加强监管,规避市场的盲目性、自发性和滞后性,克服异化的生产、消费和生活方式,实现经济发展、生态保护和社会进步的"共赢"。

文化形态的变革是生态文明建设的思想基础。注重首要与次要之分,强调首要的并要求以其为中心,"主—客"二分的哲学思维创造了300年的工业文明成就,也让人类在近代陷入了生态危机的困境。走出"人类中心主义",实现人与自然的和谐发展,成为人类社会的普遍共识。在当代,一个没有生态文明文化底蕴的民族,是难以实现民族伟大复兴和经济社会可持续发展的。建设生态文明文化形态,就是要实现哲学世界观、价值观和道德观的生态转向。在世界观上,要摒弃人驾驭和统治自然的思想,强调"生态中心"的理念,树立人对社会、自然和子孙后代的责任意识;在价值观上,要把个人价值的实现,融入维护生态价值的行动中,强调"人、社会、自然"构成复合生态系统的理念,通过实现人与自然关系的和解,促进人与人、人与社会关系的和谐;道德观上,要树立公正、和谐和发展的原则,使人人都将关心他人和其他生命作为己任,让生态文明的理念获得全社会的认可、支持和自觉践行。

生态文明是人类社会文明的新形态,中华民族有着超凡智慧和勃勃生机,"大同社会"始终是中国传统哲学的基本精神,"和谐"也一直是中国人孜孜以求的理想,时代为中华民族提供了难得的机遇,中国特色社会主义的生态文明建设是光荣的使命。改革开放40多年来,我国的综合国力显著增强,生产力水平大幅提升,人民生活明显改善,中国特色社会主义事业进入新的发展时期,生态文明建设也有了坚实的经济基础和科技条件。但是,当前我国发展中不平衡、不协调、不可持续问题依然突出。面对特殊的建设环境、迫切的发展要求和难得的历史机遇,党和国家提出了"加快转变经济发展方式,推进产业结构优化升级,坚持走中国特色新型工业化道路",这是中国特色社会主义生态文明建设的重要举措,是全中国人民的共同意志,是发展中国特色社会主义的创新实践,是中国社会发展进步的必然,也需要我们长期不懈的共同努力。

二、生态文明的经济形态

人类文明形态的演进大致经历了渔猎文明、农耕文明、工业文明、生态文明过程，每一种文明都是在对前一种或几种文明扬弃的基础上产生的，同时，每一种新文明又有着不同于其他文明形态的表现形式——经济形态。文明的经济形态对其他几个特征有着决定性的影响。渔猎文明、农耕文明、工业文明、生态文明的经济形态分别为小农经济、自然经济、市场经济和生态经济。

生态经济是人类对人与自然关系深刻认识和反思的结果，也是人类在社会经济高速发展中陷入资源危机、环境危机、生存危机后所选择的发展模式；其核心是经济与生态的协调发展，注重经济系统与生态系统的有机结合，强调经济发展模式的转变。生态经济之所以能担当生态文明的经济形态，在于它和市场经济相比具有如下几个特征。

第一，系统性。系统一般包括两个或两个以上相互作用和相互影响的部分。从生产的角度看，生态经济涉及生态和经济两大系统。因此，生态经济具有系统性。从社会的角度看，生态经济表现为"社会—经济—自然"复合系统，经济仅是该系统中的一部分，社会因素和自然因素也是参与经济生产活动的重要因素，对经济长期发展有着重要贡献：从消费的角度看，生态经济表现为"人—社会—自然"系统。在该系统中，强调个人需求对社会和自然影响的重要性在生态经济视野中，人们应该进行适度消费，以保持人与自然的和谐。

第二，整体性。生态经济的整体性是指生态经济系统中各子系统之间、子系统内部各个组成部分之间，都具有内在的、本质的关联。系统中的每一个组成要素对于整个系统来说都有着不可或缺的作用，都担负着明确的任务，并表现出整体特性。生态经济系统内任何一个环节或子系统受到破坏均会导致物质流、价值流、能量流、信息流的转移、转化、流动受到阻碍。

第三，仿生性。生态经济模式具有仿生学和仿生态的特征。人类社会在渔猎文明、农耕文明、工业文明主导下的螺旋式上升，就是不断地递进循环的过程。在此过程中，尽管人类不断向自然学习，但是观察的对象多以单个生物为主，而生态经济则着眼于整个生态系统，把对单个生物的仿生学提升到对整个生态系统的仿生学。生态经济的仿生性不仅提升了人类的仿生层次,还突出了生态经济的系统性和整体性。

第四,低熵性。熵是热力学和系统科学中的一个重要概念,系统中熵的状况决定着系统存在的状态。一个系统的熵值越高,系统的状态越不稳定;相反,系统的熵值越低,系统越稳定。对于生态系统而言,熵值低表明资源系统开发利用较为合理,无效损耗少。生态经济的系统性和整体性,使其在从无序走向有序的过程中能够不断从外界自然环境中吸取负熵,冲抵其运行过程中的增熵,保持自身低熵性。

第五,循环性。工业文明背景下的市场经济是线性经济,构成一个"资源—产品—废物排放"模式的非循环的开放系统。而生态经济是对应于生态文明的经济形态,是依循生态系统物质与能量循环的原理而进行的经济活动。它将资源流程由非循环的开放系统转为可循环的封闭系统。尽管生态经济和市场经济一样都需要资源和其他生产资料的投入,但是生态经济模式下的资源流程是没有废弃物排放的,因此,不会造成对环境的破坏。

生态经济是人类文明所对应的经济形态的转变,这种转变不仅表现为经济发展方式、人类经济活动的转变,同时也是价值观的转变。其前提条件是把人从工业文明下的"经济人"转变为生态文明下的"生态人"。"生态人"是指具有足够的生态理论素养和生态环境意识的理性人。自启蒙运动以来,西方现代化过程背离了对文明的理解,使得人类理性趋于工具化,即"理性经济人"只注重物质财富的增长。为了纠正这种被扭曲的理性,必须从人本身进行改变,把"经济人"转变为生态文明下的"生态人"。"生态人"的核心价值观是实现社会和谐,它认为只有从人的社会解放到人的个性解放,才是社会和谐真正实现的标志。

"经济人"的特点是经济理性,而"生态人"的特点则是生态理性。生态理性是西方生态现代化理论的核心词汇之一,是相对于经济理性和政治理性而提出的。经济理性不仅忽视了自然界的内在价值而造成环境恶化,而且还单纯追求经济增长效率,忽视了人类的公平发展;政治理性则是通过忽视他人精神性需要、他人政治利益的满足而实现的,造成了决策权力分配不公平;生态理性恰恰弥补了二者的不足和缺陷,"实现了主客体的统一,将自然的工具价值和内在价值统一起来,将自然的经济价值和生态价值贯通一体,通过人类的生态实践活动沟通人和自然之间的鸿沟,从而实现人和自然的和谐共生"。

生态经济的具体产业表现形式是生态产业。生态产业的发展可分为两个阶段:第一阶段,它的发展处于初始时期,对环境的负面影响不超过环境的生态阈值;第二阶段,其发展到较高阶段,对环境的负面影响逐渐降低,直至零排放。生态产业从低级阶段向高级阶段演进的内在动力是能级转换链条的延长和资源或能源利用效率的提高。

第三节 中国特色社会主义
生态文明理论及体系

生态文明理论的产生是一个辩证发展的历史过程,是对以往生态思想的继承、发展与创新。中国特色社会主义生态文明理论继承了中国传统文化中的精华、马克思主义理论中涉及生态环境的基本理论以及西方社会主流生态思想。在此基础上,生态文明理论再与中国的具体国情相结合,以解决和谐社会建设中的生态问题为契机,立足于中国乃至整个人类社会可持续发展的基点之上,丰富和完善着科学社会主义理论,体现着马克思主义理论与时俱进的优良品质[1]。

一、马克思主义生态思想中国化

(一)马克思主义生态思想与中国传统生态思想的融合发展

马克思主义生态思想和中国传统生态思想既有差异也有相同之处。他们的理论基础基本相似,都是建立在整体论的哲学基础上。赞成自然与人是一体的观点,强调人与自然要平等和谐,反对过高的强调一方面否定另一方面。但是在对待具体事物上面,双方的出发角度、实践方式、最终归宿目的却有很大的不同之处。中国传统的生态思想出发角度强调的是道德智慧,提出"君子有好生之德"。因为人比其他动物更加高级更加具有德行,因而提倡不要随便的杀害其他动物。而马克思主义生态思想的出发点是现实理性,他从人和动物相互作用相互支持的关系来解读,提出要保护动物的原因。两者对人和自然的关系的调节有不同的见

---

①胡艳梅.内外兼修:新时代中国特色社会主义生态文明建设道路[J].南京航空航天大学学报(社会科学版),2020,22(02):1-5.

解。传统的中国生态思想主张提高人的内在修养和生态意识来实现两者的和谐共处，有的甚至提出了"无为"，即以什么都不做来达到目的。马克思、恩格斯则认为，社会制度才是关键。以生产力发展为标志的社会制度进化过程必须伴随与自然和谐，并通过不断改革和创新来实现这一目标。对于最终的目标，从人与自然的和谐状态上来看，区别也很明显。中国传统生态思想要实现的是回归自然原始和谐，这种和谐要求人必须敬畏自然，人特有的实践能动性没有充分发挥，是低水平的。而马克思主义生态思想要实现的和谐是建立在科学技术发展、生产力水平高度发达、物质极大丰富的基础之上的，和前者相比，是高水平的。中国传统生态思想和马克思主义生态思想的相似点为马克思主义生态思想中国化提供了前提，而两者的不同点有利于我国古代生态思想的现代化转变。

（二）马克思主义生态思想与中国生态文明建设实践的结合

"构建美丽中国"用最浅显直观的语言表达出丰富而深刻的含义。人们通过它，中国生态文明建设有了一个直接的形象。这个命题体现了中国共产党在马克思主义中国化中，生态文明理论的一个新维度。

从理论渊源来看，"美丽中国"继承了马克思的生态美学思想。马克思认为人和动物不一样，人作用于自然时要遵循一定的规律，这个规律就是美。人们是按照美学的要求来处理人与自然的关系的。尊重自然的美，也是人们要牢记在心的。自然界是美的，这种美是客观的、自然的、原生态的，是大自然浑然天成的产品，它具有自然性、原始性、生态性。马克思还多次在《1844年经济学哲学手稿》中举例强调这一点。它们的美来自于自然，而反之一切反自然的也可说都是假的、丑的。人具有主观能动性，其意识和行为会作用于自然，而人们在改造自然过程中，只有去认识大自然的生态美，在实践中按照美的规律去实践作用于自己的生态环境，才能达到人与自然的和谐共生。自然在经过人的改造后变成"他的作品和他的实现"，应该包含着合理、和谐、美丽等状态。人们在这样的环境下生存才能达到想要的生活。而如果这个状态是"罪孽"或"败笔"，那就是让人厌恶的、惨痛麻木的现实。在这样的状态下，人与自然无法和谐相处。

"努力建设美丽中国"是马克思生态美学的发展。建设美好家园、美化自然、与自然和谐相处，这个过程才是人化自然的正确过程。人们按照自然的本质要求、按照自然的美的规律去改造自然,建设出一个美丽强大的中国。反之,这个人化自然的过程不符合自然美或是人性美,那么在改造过程中就会出现这样或那样的问题。随着工业科技的迅速发展,在我国出现了一些不和谐的画面:那些被污染的河水、那些被雾霾笼罩的城市、日渐荒芜的山川、毒性存在的土壤。这些都是在发展过程中没有深刻认识到人与自然和谐关系的结果。现在,"努力建设美丽中国"这个命题的提出,让人们在狂热的改造自然中冷静下来,认真的分析当前的客观现实。美丽中国必须是自然的、和谐的中国,大地处处展示出美的景象是我们的终极目标。美丽中国对马克思主义生态思想的继承与发展是马克思主义生态思想中国化的表现①。

二、中国特色社会主义生态文明理论的内涵

生态文明建设是一个体系的建设,生态文明本身则是几种成果的结合。物质成果、精神成果、制度成果相互融合,在人与自然的关系上面,促进两者的协调友好发展。生态文明建设是一个总体概念,它并不是提倡人们回到原始生活状态,什么都是浑然天成。它所提倡的是将我们的生产方式、消费观念进行转变,由粗放型转向集约型、铺张浪费型转向合理节约型。在此基础之上,提升整个社会的文明理念和文化素养。让人的活动处在自然可以承受可以恢复的限度之内,达到生活富裕、生产发展、环境良好的状态。它是对传统社会文明的反思、总结、延伸,是对工业文明发展中的正反两方面经验的总结。

我国生态文明建设理念是以马克思、恩格斯生态思想为指导,融合中国传统文化中的人与自然辩证关系,结合我国社会发展的现实情况,优先发展生态,促使人与自然的协调,实现经济转型。涉及价值、物质、制度、目的这些方面,重点也是改进这几个方面的相关理念。

(一)价值取向——树立先进的生态伦理观念

人类其实就是自然界中的一部分,人和人类社会都受到自然界的影响。尊重自然、顺应自然、保护自然是人们从古至今具有的相关概念。马克思认为自然规律是根本不能取消的,在不同的历史条件下以自身条

---

① 冯欣. 经济发展方式的生态化与我国生态文明建设[J]. 现代商业,2020(15):96-97.

件发生变化的,只是这些规律借以实现的形式。尊重自然规律也是人们在长期和自然接触中得出的结论,自然规律不以人的意志为转移,具有长期性、稳定性、客观性。若人类没有遵循规律去改造自然,人类和自然的平衡关系也会被打破,人类社会发展也会受到阻碍。因此,中国特色社会主义生态文明的发展要有一个正确的价值取向来领导人们正确改造自然。此时,生态文化、生态意识、生态道德等生态文明理念成为中国特色社会主义的核心价值要素。

大自然是母亲,为我们提供了所需要的一切。生活和生产资料保证了人类在这个星球的发展壮大,人类有义务去保护这位母亲,尊重它、顺应它、爱护它。把自然和人看成一个密不可分的整体,把人放在"自然界之中"而绝不是"自然之外"。尊重自然就是尊重与人类息息相关的生产环境、就是尊重人类自身的生命。因此,在处理人与自然的关系的时候,以生态理念为价值取向,坚持生态优先的发展观念,处理好我国当前的污染问题,保护和恢复生态环境,顺应人类社会历史发展潮流和人类文明新形态的发展趋势。

(二)建设目的——改善生态环境质量

中国特色社会主义生态文明建设的目的很简单明确,就是改善生态环境的质量,提高人民生活的含金量。当前,我国在生态环境方面面临严峻的考验,水土流失、资源匮竭、食品污染严重是首要问题,其根源都可以追溯到高投入低产出的生产方式上。特别是市场经济的发展,有的人为了追求短期利益而大肆采伐森林、开取矿山、农作物追加化肥,导致了污染结果。经济是发展了、生活是丰富了,但是从长远来看,能源枯竭,自然灾难开始报复人类,化学用品腐蚀人们的身体,人与自然相互伤害。党的十八大明确提出"四化同步",即"坚持走中国特色新型工业化、城镇化、信息化、农业现代化道路,促进工业化、城镇化、信息化、农业现代化同步发展"。力主推行新型道路,在保护生态的基础上,实现工业化、城镇化、信息化、农业现代化的统一。把目光从污染后治理变为防御控制污染,从污染开始阶段就掐灭苗头,做到人与自然、工业与自然、社会与自然的良性互动,避免过去高污染后高治理的道路循环。

（三）物质基础——发展生态经济

文明的建立需要一定的物质基础,中国特色社会主义生态文明建设的物质基础就是生态经济。只有拥有发达的生态经济、发展绿色产业、低碳环保循环,才能对传统农业进行生态改造,经过这样的调整,高效能科技才能在整个经济结构中占据较大比重,反过来又会推动整个生态文明的建设进度。最早马克思就提出过利用废弃物去平衡自然界中的新陈代谢,也就是人们利用生产排泄物和消费排泄物进行循环再生产,用这种方式来调节人与自然的物质变化。这个思想成为当前我国生态文明建设中的重要启发思想。在党的十八大上,要求企业和政府必须推行绿色发展,其中一个很重要的观念就是循环利用。以此来推动人们生产方式和生活方式的改变,使发展模式、发展路径和发展方式实现绿色发展。

生态转型包括对生态价值的重新审视、对资源利用方式的根本转变、对经济发展方式的转变。党还首次创造性地提出了"生态价值"这个概念。以前人们在利用自然资源时,经常把它看成廉价的、无价值的、可供索取的原材料地方,没有看到人与自然的平等互利。"生态价值"这个概念从人的思想意识出发,使人们意识到生态价值的重要性与意义,以新的价值取向和生态伦理来协调人口、资源、环境、生态之间的关系。这是对马克思恩格斯生态文明思想的内涵的丰富与拓展。

（四）制度创新——促进生态正义

生态正义引导了制度的创新,观念的变化涉及精神文明、物质文明之间的博弈,制度是为新目的、新概念和物质基础保驾护航的有力后盾,它以法律形式稳固了观念变化的过程。制度创新的目的就是促进生态正义,保障可靠的生态安全,防止可能出现的生态危机,及时妥善处理突发的生态实践,维护稳定生态环境的平稳是制度创新后的底线。

生态正义是指以价值判断为标准的一种机会平等正义观念,是以生态价值观为社会体制的第一美德。它解决的是人和人、人与社会、人与自然之间的关系,这种关系则是一种倾向生态和自然价值观的道德准则和人文精神。原始社会的"平等"意识到了氏族社会则转变成了"正义"。从社会发展的角度来理解,正义更符合满足绝大部分人利益的要求,是通过妥善处理和协调社会各方面的利益关系而得到切实地维护和实现的。生态正义既是中国特色社会主义生态文明的道德基础和伦理基础，也是评价社会是否和谐、文明是否发达的一个标准。

以生态正义观去改造现有的相关制度，用法制去保护正义，是生态文明发展道路上的必经之路。通过制度的完善，规范人们生活中的生活生产方式，转变人们的消费观念，提倡生态效益和社会效益相结合，倡导公民消费绿色产品，在消费过程中，以一种对自身、后代、自然与社会负责的态度，从而保护自然环境。

中华民族的伟大复兴，需要物质基础和文明基础。现有的传统的文化和传统的生产方式已经不能满足当前我国的发展需要，要对它们进行文明转型和改造。引领这一举措的就是中国特色社会主义生态文明理念。因此，建设中国特色社会主义生态文明意义重大。人与自然和谐共处，在可持续发展的状态下，进行社会主义建设，使生态转型后的中国做到人与自然共生共存①。

三、构建中国特色社会主义生态文明体系的必要性

中国特色社会主义生态文明体系是中国共产党在革命、建设和改革的实践中形成的包括生态文明建设的基本经验、基本思想、基本原则和基本规律等在内的理论成果，是中国特色社会主义理论体系的重要组成部分。新时代生态文明体系提出的生态文明建设理念，是对传统资本主义发展方式的超越，是维护人民发展利益的体现，是人类实现全面发展的行动指南。

（一）构建中国特色社会主义生态文明体系是生态文明建设理论创新的必然要求

生态文明建设理论的指导性和说服力，基于其本身的科学性与彻底性。改革开放以来，中国特色社会主义生态文明建设研究直面中国具体的现实环境问题，具有较强的现实指导意义，但也呈现出体系性和理论性不足的一面，制约着中国生态文明建设的进一步发展。中国生态文明建设研究的理论性不足主要表现为"三个忽视"：一是忽视时代性和预见性的研究。依附于文明体系的生态文明建设研究更注重经验的总结，对

---

① 唐龙. 生态文明背景下生态经济发展模型构建与决策优化[J]. 新疆财经，2019 (0[) :[-14.

生态文明建设理论的时代性和指导性的探知有限。二是忽视整体性和指导性的研究。研究视角多聚焦于局部环境问题研究、文本解读性研究和重复性研究，理论深度和独创性不足，使得现阶段生态文明建设研究具有浅显化、碎片化和短期性倾向。三是忽视党性原则和人民立场。套用西方工业文明思想来框制中国特色社会主义生态文明建设的研究，打着纯理论的名义来消解生态文明建设的政治性，这无疑削弱了生态文明建设理论的革命性和科学性。随着中国特色社会主义文明建设进程的纵深推进，迫切需要构建能展现中国智慧、中国特色和中国风格的生态文明体系。因此，加强生态文明体系的理论创新，不仅是生态文明建设理论本身发展的要求，也是生态文明建设实践的需要。

（二）构建中国特色社会主义生态文明体系是解决生态环境问题的现实需要

分析和解决生态环境问题，是生态文明建设的现实出发点。遵循人类文明发展的客观规律，尊重社会主义现代化建设的发展实际，是中国特色社会主义生态文明建设卓有成效的前提和基础。经过40多年的改革开放，中国工业化进程进入跨越式发展阶段，有利的资源环境要素是推动中国经济快速发展的三大红利之一，为中国经济发展速度和效率的提高做出了重大贡献。与此同时，生态环境问题也不断涌现，资源约束趋紧、环境污染严重、生态系统退化等较为突出，对中国经济社会发展带来"三大挑战"：一是经济挑战，恶化的生态环境通常造成无法估量的经济损失；二是治理挑战，环境治理的难度大、周期长、成本高；三是安全挑战，生活环境的恶化直接影响社会稳定和人民健康。新时代社会主义生态文明建设的任务十分艰巨，正处于压力叠加、负重前行的关键期，已进入提供更多优质生态产品以满足人民日益增长的优美生态环境需要的攻坚期，也到了有条件有能力解决生态环境突出问题的窗口期。因此，构建中国特色社会主义生态文明体系是解决环境问题的当务之急，必须咬紧牙关爬坡过坎，补齐生态环保的短板，总结改革开放以来生态文明建设的经验，深化对新时代生态文明建设的认识，把握生态文明建设的规律，为解决生态环境的现实问题提供理论支撑和思想指导。

（三）构建中国特色社会主义生态文明体系是勇担国际责任的实践需要

中国特色社会主义生态文明体系是对人与自然关系的深层次审视，是对人类未来可持续发展的谨慎考量，是为全人类发展贡献中国生态智慧和中国生态治理方案，体现了中国强烈的时代责任感与大国担当。一方面，环境问题是全球性问题。作为全球最大的发展中经济体，中国理应承担共同但有区别的生态文明建设责任，与国际社会形成生命共同体，为建立广泛、长期的全球生态文明建设合作机制而贡献中国力量。另一方面，中国作为负责任的大国，一直在为建设全球生态文明提供中国生态建设方案，贡献中国生态智慧。为了改善环境污染现状，中国政府制定了"大气十条""水十条""土十条"等环保措施，实行最严格的制度和最严密的法治；为了实现可持续发展，中国努力对空间格局进行优化，对产业结构转型升级，形成绿色发展方式和低碳生产方式；为了守护脆弱的生态环境，中国人迎风斗雪，筑起"绿色长城"，坚守生态保护红线这一系列事实，都向世界表达了中国建设生态文明的坚决态度和坚定决心。因此，构建中国特色社会主义生态文明体系，使中国生态文明建设理论系统化，已成为实现全球生态文明建设的重要一环，是落实全球生态治理责任的实践需要

四、中国特色社会主义生态文明理论的特征

（一）经济社会发展与资源环境保护相协调

随着我国经济的飞速发展，环境问题日益突出。而生态环境的恶化又制约了经济社会的发展。因此，在资源有限的情况下，如何实现经济社会发展与资源环境相协调成为我们关注的一个焦点。实现经济社会发展与资源环境的协调发展也是推进生态文明建设和构建美丽中国的内在要求，所以，我们必须采取措施来促进两者的平衡发展，而发展循环经济是一种有效的途径。

发展循环经济，实现经济与环境协调发展，可以从以下三个方面来实现生态保护的目的。第一，工厂要提高废水的回用率，减少废水的排放

量,同时可以通过一些化学措施吸收和处理废气,减少废气的排放量。除此之外,对于一些材料,可以循环利用,如PE材料做的瓶子可以回收利用再做瓶子。矛盾的双方是对立统一的,在一定的条件下可以相互转化。因此,我们可以将废弃物转化为可利用的资源。第二,国家要制定相关的法律法规和政策,规范经济主体的生产行为,为发展循环经济提供法律保障。此外,国家还应对那些会给环境造成污染的产品征税或者提高税收,通过税收使人们减少对这些产品的使用,建议人们尽量减少一次性筷子和一次性塑料袋的使用。第三,提高人们的环保和创新意识,大力发展科学技术,提高资源的利用率和降低能耗。

因此,在尊重自然环境的"容忍力"基础上发展社会生产,在社会生产承受范围内"反哺"自然环境,这不仅仅是一项艰巨的任务,更是一次对过度忽视自然的历史救赎,这需要我们的共同努力。

(二)绿色增长与绿色消费相结合

党的十八大报告在原有的"四位一体"的总体布局的基础上,特别提出了含"生态文明"的"五位一体"总体布局和"绿色发展"的发展道路。为此,我们要将绿色增长和绿色消费结合起来。可见,国家从整体出发,再从各个部分对集生态文明于一体的"五位一体"总体布局和"绿色发展"的发展道路做出了系统而深入的阐述。因此,我们一定要牢牢把握"五位一体"总布局,注重"绿色发展",倡导低碳生活,走绿色发展道路。这是我国推进生态文明建设,将美丽中国的梦想逐渐变为现实的体现。此外,这也是向全世界宣告,我们需要转变经济发展方式,把实现国强民富作为经济发展、社会进步的重要标准。加速节能经济、环保经济、低碳经济的发展,建设资源与环境共赢的社会,是社会主义发展不断开拓创新的表现。

绿色消费观是实现发展经济和保护环境的双重目标,遵循生态学的规律实现经济发展和生活消费的一种新思想。绿色消费就是要关怀自然、敬畏自然、热爱自然,在具体行动中树立生态、低碳、和谐的消费理念,实现生态正义。

人类是大自然创造的高智慧动物,其生存和发展离不开与环境和谐共处。一方面,需要人类树立绿色消费意识,并践行绿色消费方式,一起努力创造良好的环境;另一方面,绿色消费倡导消费绿色产品,选购有绿色标志的产品,而绿色产品可以节约资源和循环利用资源,这样就不会造成资源的闲置和浪费,有利于生态环境向良好的方向发展,促进经济的绿色增长。

因此,生态社会主义对资本主义"异化生产"和"异化消费"的理性批判以及倡导的绿色消费观对于我国的生态文明建设具有重要的启示意义。改革开放40多年来,随着生产力的发展,中国社会发生了翻天覆地的变化,人民生活水平大幅提高。但生活中经常可以见到越来越多的人开始进行虚荣型、享乐型的消费,对我国自然资源以及生态环境的保护造成了极大的危害。我国要实现生态化的发展,需要在经济、政治和文化这些方面进行生态文明建设,还要转变人的思想意识和行为方式,使人们树立绿色的消费观并践行到实际生活中。我们要合理借鉴生态社会主义所倡导的生态消费观念,宣扬绿色消费和适度消费,以健康的生活方式、文明的消费观念构建适合社会经济发展和环境可持续性要求的消费模式。这既是我国生态文明建设的重要体现,更是我们未来发展的目标和方向。

(三)增进经济福利和保障环境权益相统一

传统的观点认为,要发展经济,就不能实现环境保护,这两者是不能协调发展的,基于这个观点研究如何保护环境。假如我们从相反的观点出发,认为经济发展和保护环境是可以协调发展的,那么就会有不同的研究思路和结果。现阶段,我们要对传统环境保护制度进行扬弃,将经济政策与手段合理引入环境保护之中,实现增进经济福利和保障环境权益相统一。为此,我们必须要将环境保护融入经济发展体系,使利益主体能够从污染治理、保护环境中有所受益,使保护环境真正成为民众自觉自利的活动,以此实现环境保护与经济发展两者从相克向相生的转化。当然这种由相克到相生的转变需要充分利用市场机制优势,以环境保护制度与管理方式为助力,通过给予经济主体足够激励,从而实现经济发展与环境保护的互利、双赢①。

---

①邵淑红. 生态文明建设与经济发展方式转变分析[J]. 环球市场,2019,(07):4-5.

五、中国特色社会主义生态文明体系架构

坚持纵向梳理和整体把握中国特色社会主义生态文明体系,使生态和谐发展这一生态文明建设的原初内容得以清晰呈现。现今,我们对生态和谐发展理念进行逻辑上的重塑,有助于形成新时代中国特色社会主义生态文明体系的基本理论形态。

(一)前提——坚持中国共产党的领导

中国共产党的坚强领导是生态文明建设的最大政治优势。中国共产党作为中国先进生产力的代表、中国先进文化的代表、中国最广大人民根本利益的代表,其先进性决定中国特色社会主义生态文明建设在实践中必须坚持中国共产党的领导。

只有充分认识和理解中国共产党的性质和宗旨,才能从根本上解答好"生态文明是什么"的问题。坚持中国共产党的领导和构建中国特色社会主义生态文明体系具有内在统一性。一方面,中国共产党的先进性是推动中国特色社会主义生态文明建设理论发展的内在动力。真正实现人类与自然的和解以及人类自身和解的价值目标,离不开中国特色社会主义生态文明建设理论的创新。另一方面,构建中国特色社会主义生态文明体系不是为了削弱或否定中国共产党的领导,而是为了更好地坚持中国共产党的领导;不是为了单纯地强调中国特色社会主义生态文明建设的特殊性,而是为了更好地体现生态文明建设的整体性。因此,坚持中国共产党领导是揭示中国特色社会主义生态文明体系构建逻辑的前提。

(二)主题——建设什么样的生态文明、怎样建设生态文明

建设目标和实现路径是中国特色社会主义生态文明体系的重要研究课题,其理论对象是社会主义生态文明建设的基本经验和规律,其实践对象就是新时代生态文明建设的现实运动,理论对象和实践对象具有内在统一性。"建设什么样的生态文明"回答的是应然层面的问题,主要针对生态文明建设的目标建构;"怎样建设生态文明"回答的是实然层面的问题,主要涉及生态文明建设的方法路径。建设什么样的中国特色社会主义生态文明与怎样建设中国特色社会主义生态文明具有一致性,首先要坚持社会主义的性质,然后依据中国特色社会主义发展历史使命和历

史方位的变化确定具体的生态目标。因此,生态文明建设的实践需要是生态文明建设目标调整的现实依据。2016年,国家提出实现人与自然的和谐共生的新时代中国特色社会主义生态文明建设目标。可见,生态文明建设的目标是一个既继承又创新的动态体系。生态文明五大体系的提出,重新定位了新时代生态文明建设的目标和路径,揭示了生态文明建设的基本规律,以科学的理论、制度、文化和行为来系统解答"怎样建设生态文明"。目标层面和实践层面的关联性,体现合目的性和合规律性的统一。建设什么样的生态文明、怎样建设生态文明作为中国特色社会主义生态文明体系的研究对象和主题,贯穿于生态文明建设的全过程。

(三)理论基础——马克思主义生态理论

虽然马克思主义的经典创始人并未直接运用"生态文明"一词,但是马克思主义的自然辩证法思想和人与自然关系学说,为形成具有中国特色的社会主义生态文明建设理论提供了思想启迪。马克思主义生态理论是中国特色社会主义生态文明体系的理论基础。马克思认为,人在自然界中生活,人是自然界的产物,不存在脱离自然环境的人,表明了人与自然之间的"本位"关系。与此同时,恩格斯还提醒我们"不要过分陶醉于我们人类对自然界的胜利。对于每一次这样的胜利,自然界都对我们进行报复"。可见,人与自然是既相互依存又相互制约的辩证统一关系。此外,马克思主义还认为,生态环境危机的根源在于资本主义生产方式,人类只有依靠并尊重大自然才能得以生存发展。因此,人与自然关系和解的思想成为马克思主义生态理论的核心。在探索人与自然的和解之路上,中国特色社会主义生态文明体系的逻辑生成就是为了揭示生态文明和中国社会之间的内在逻辑关联,并从马克思主义生态哲学思想的本源、改革开放40多年来的环境保护实践历程以及中国传统生态文化的优秀积淀等向度,充分论证了生态文明体系建设的合理性和必然性,回答了"为什么要建设生态文明"的问题。

(四)核心理念——以人民为中心

马克思主义具有彻底的人民立场,坚持以人为本。实现人的自由全面发展,是社会主义的最高价值目标,也是建设生态文明要坚持的首要原则。中国共产党以人民为中心,以全心全意为人民服务为宗旨,继承和发展了改革开放40多年来的生态文明建设经验,并进一步凝练和提升为中国特色社会主义生态文明体系。中国共产党历代领导集体一切工作的出发点和落脚点就是要实现好、维护好和发展好最广大人民群众的根本利益。为人民服务是中国特色社会主义生态文明体系的核心理念和价值归宿,也是生态文明体系得以建构的理论轴心和动力源泉。构建中国特色社会主义文明体系要始终坚持为人民服务的宗旨,这是中国特色的生态文明建设保持生命力的根本所在。为人民服务本质上回答了生态文明"为什么人"建设的问题。始终坚守为人民服务的宗旨,抓住了人类文明赖以存在的根本命脉和生态文明建设的内在灵魂:一方面有助于避免中国特色社会主义建设走上极端人类中心主义和极端生态主义之路的风险,引领中国生态文明探索实践的正确方向;另一方面为中国改革发展跳出当前生态危机困境提供了根本性的价值引导和方法支撑。

(五)基本内容——五大建设、八大观念

中国特色社会主义生态文明建设的核心是经济社会与资源环境协调发展,实现人与自然共生、人与社会和谐、人与人和睦、人与自身成长。随着生态文明建设实践的不断深入,生态文明的基本问题和基本工作布局,坚持以生态文化建设为引领、以生态经济建设为基础、以生态环境改善为目标、以生态制度完善为保障和以生态安全防控为载体进行了系统性的生态环保实践,逐步总结出了中国特色社会主义生态文明的八大观念,集中体现为生态兴则文明兴的深邃历史观,人与自然和谐共生的科学自然观,山水林田湖草是生命共同体的整体系统观,绿水青山就是金山银山的绿色发展观,用最严格制度最严密法治保护生态环境的民主法治观,良好生态环境是最普惠民生福祉的基本民生观,共同建设美丽中国的全民行动观,以及共谋全球生态文明建设之路的全球共赢观。这"五大建设"和"八大观念"着重从实践上回答了"怎么建设生态文明"的问题。在宏观层面,中国特色社会主义生态文明体系是对"五位一体"子系统耦合而成的总系统建设;在微观层面,中国特色社会主义生态文明体系又是对社会整体结构不同层次的建设和对社会总系统的独立运作的五个子系统建设。

（六）建设目标——建设美丽中国，实现中华民族永续发展

建设美丽中国是习近平新时代中国特色社会主义思想的重要内容，是决胜全面建成小康社会的关键。美丽中国的愿景，彰显了全球生态治理的理性精神，与当代及子孙后代的幸福生活密切相关。生命本色之美、自然和谐之美、人文化成之美、民主法治之美、科学发展之美、健康幸福之美是美丽中国的基本内容，也是推进新时代生态文明建设的目标，是实现中华民族永续发展的关键。生态文明建设既是实践问题也是理论问题，生态环保实践离不开系统、科学的理论指导。构建生态经济、制度、文化、目标责任和安全五大体系，是建设美丽中国的具体部署，也是研究解决生态环境问题的理论创新。加快构建生态文明体系，将逐步实现两个阶段性目标：确保到2035年，生态环境质量实现根本好转，美丽中国目标基本实现。到21世纪中叶，人与自然和谐共生，生态环境领域国家治理体系和治理能力现代化全面实现，建成美丽中国。理论的生命力在于指导实践，中国特色社会主义生态文明体系不仅回答了新时代建设什么样的生态文明的问题，还为建设美丽中国提供了理论指导，从而实现中国特色社会主义现代化发展"量"与"质"的完美结合。

第三章 生态文明与经济高质量发展

第一节 生态文明与经济高质量发展的
认识进程与内涵

一、生态文明与经济高质量发展的认识进程

我国生态文明与经济高质量发展关系在我国大致经历了三个阶段：第一个阶段是片面追求经济增长阶段。在这个阶段中片面追求GDP增速，一味向自然界索取资源，不考虑生态环境的承载能力和持续性问题。第二个阶段是生态文明建设滞后于经济的发展阶段。在这个阶段中，经济发展和资源匮乏、环境恶化之间的矛盾开始突显出来，人们开始意识到保护环境的重要性和构建社会主义生态文明的必要性，但是此阶段的生态建设成果与经济高质量发展速度集中表现为不协调、不均衡。第三个阶段是生态文明建设与经济高质量发展协调发展阶段。在这个阶段，人们开始正视生态文明建设的重要性、探索出协调二者关系的主要途径，认识到只有实现生态与经济的融合式发展，统筹绿水青山和金山银山协调发展，最终才可以实现人与自然、人与社会的和谐发展，这是一种更高的层次和境界。以上这三个阶段的演变，不仅代表着人们生态价值观念的不断进步，也标志着经济发展方式逐渐实现了"绿色化"，同时还加快了我国经济高质量发展生态化伟大进程。

（一）片面追求"经济增长"阶段

第一个阶段是片面追求经济发展速度的阶段。主要是指20世纪50年代至改革开放前这一时期。在这一阶段，生态文明建设始终处于为经济建设服务的地位，环境遭到破坏。

针对出现的各种环境问题，20世纪60年代之前，政府曾采取了一些方针政策，开始推行"综合利用工业废物"方针，防治工业污染，制止乱砍滥伐，恢复林业经济的正常秩序，但是这些补救措施成效甚微。随后，

"以粮为纲"政策再度推行,生态环境遭遇了第二次破坏。从对现在的影响来看,这些破坏很多都是永久性的,特别是一些地区森林被大范围砍光,直接破坏了生态平衡和生态承载力,出现了许多永久性的生态脆弱的区域,这些区域在面对后来的工业污染和任何环境风险时彻底失去了抵御能力。

(二)生态文明建设滞后于经济高质量发展阶段

第二个阶段是生态建设滞后于经济高质量发展的发展阶段。这个阶段主要是从1978年开始实行改革开放至1992年开始走可持续发展道路阶段。其间经济发展和资源贫乏环境污染之间的矛盾逐渐突显出来,人们逐渐注意到建设绿水青山的重要性,但是这时的"绿水青山"远远落后于"金山银山"。还仅仅停留在就生态谈生态,并没有从全局的高度认识这个问题。

1972年,联合国第一次人类环境与发展大会提出了可持续发展的理念,周恩来总理参加了这次环境与发展大会同时提出,环境污染问题不是资本主义社会独有的产物,在社会主义中国也同样存在。1973年国家第一次环境工作会议的召开,使我国领导层开始意识到中国同样也存在着严重的环境问题,需要认真对待。随后1974年成立了国家第一个环保机构,但是当时环保理念的形成还只是局限于国家级领导层,广大老百姓还没有意识到环保理念的必要性,浪费资源以及滥砍滥伐行为依然处处可见。"以经济建设为中心"实际成为"以经济增长为中心"。随后的20世纪80~90年代是我国改革开放的高速发展时期,在以经济为中心的思想下,加上政府对各种经济活动的支持和鼓励,全国人民都投入众多没有任何环保意识、没有环保措施的乡镇企业和家庭作坊等经济活动中去,在社会生产中不惜以破坏生态环境、毁坏自然资源为代价,我国的生态环境又一次遭到了破坏。

状况一直持续到1983年第二次全国环境保护会议,"环境保护"被确立为我国的基本国策之一,同时提出制定了经济建设、城乡建设和环境建设同步规划、同步实施、同步发展的经济策略,明确了环境保护的指导方针和三大环境保护政策,为我国经济高质量发展保驾护航。1989年《环境保护法》出台,其中第4条明确规定环境保护同经济和社会发展相协调。之后,一大批重要的环境立法也都纷纷出台,包括《水土保持法》

《水污染防治法》《森林法》《海洋生物法》《草原法》等。但是,此后相当一段时期的实践证明,可持续发展理念主要针对经济领域,主要为经济发展服务,此时的生态文明水平远远滞后于经济高质量发展的速度。

(三)生态文明建设与经济高质量协调发展阶段

第三个阶段是经济高质量发展与生态文明建设协调发展阶段。这一阶段主要是指1993年之后,可持续发展理念逐步成为增强我国经济建设内在驱动力的可持续性重大战略决策。在这个阶段党和政府已经开始正视经济增长与生态环境的关系,意识到只有绿水青山和金山银山相得益彰,才可以实现人与自然、人与社会最终的和谐。

所以,随着经济、社会、国民素质等各方面的不断发展和提升,经过党和国家以及广大人民群众数年的认识和实践,经济高质量发展与生态文明建设之间关系始终处在不断变化、不断突破之中。

二、生态文明与经济高质量发展的内涵

(一)空间维度(共时性或横向)——经济层面的生态文明建设

经济层面的生态文明建设,即在我国社会主义现代化建设过程中,所有经济方面的活动都要贯穿生态文明的思想,体现生态文明的理念、观点、方法,符合人与自然和谐相处的要求,不仅要尊重自然、顺应自然、保护自然,还要使人与自然协调发展。在大力发展生产力、积极创造物质财富、不断提高人们物质生活水平的同时,更要节约资源、保护环境、控制人口,为我国经济社会发展提供可持续的能源资源、良好的生活环境和适合的人口状况,进而增强生态产品的生产能力,积极发展生态高质量经济。具体而言,经济层面的生态文明建设可以从经济高质量发展理念、经济高质量发展目标、经济高质量发展方式、经济高质量发展道路四个方面来理解。

就经济高质量发展理念而言,强调我国社会主义的经济发展必须是又好又快地发展。所谓又好又快地发展,就是要把发展的"质"和发展的"量"结合起来,不能只强调"质"而忽视"量",更不能只强调"量"而忽视"质";从二者关系来说,"质"是第一位的,"量"是第二位的,要在保证"质"的基础上,注重"量"的增长。而要实现又好又快的经济发展,既要在经济发展的"质"上下功夫,又要在经济发展的"量"上做文章。为此,

必须坚持以科学发展为主题,加快转变经济发展方式,走中国特色的经济发展道路,促进经济增长由主要依靠投资、出口拉动向依靠消费、投资、出口协调拉动转变,由主要依靠第二产业带动向依靠第一、第二、第三产业协同带动转变,由主要依靠增加物质资源消耗向主要依靠科技进步、劳动者素质提高、管理创新转变。在处理好转变与发展的关系基础上,不断提高经济发展的质量和水平,促进经济高质量的发展。因此,始终坚持并真正做到又好又快地经济发展,就是在经济高质量发展理念中贯彻和融入了生态文明建设的思想。换言之,生态文明建设的思想体现在经济高质量发展理念中就是又好又快地经济发展。

就经济高质量发展目标而言,强调我国社会主义经济发展的主要目的,是大力发展社会生产力,增加社会财富,提高经济效益,不断满足人民日益增长的物质文化需要。也就是说,经济发展只是手段和途径,通过这一手段和途径来满足人民的物质文化需要才是目的和根本,即经济发展必须"以人为本"。以人为本既是经济社会发展的长远指导方针,也是实际工作中必须坚持的重要行动原则。依托生态文明促进经济高质量发展的目标,正是坚持以人为本、推动科学发展的重要体现。改革开放以来,我国经济发展速度加快,经济增长率显著提高,目前已成为世界第二大经济体。但是,制约中国经济进一步发展的各种资源环境问题仍很突出,主要体现在:粗放利用和浪费资源的现象依然存在;破坏土地和占用耕地的行为屡禁不止;部分重要矿产资源保障能力不足,石油、铁矿石等进口量和对外依存度迅速提高;环境污染加剧,一些与环境污染相关疾病的死亡率或患病率持续上升等。因此,只有依托生态文明促进经济高质量发展,才有利于形成节约能源资源和保护生态环境的产业结构增长方式和消费模式,不断增强经济高质量发展后劲,进而提高人民的物质生活水平和质量。

就经济高质量发展方式而言,强调我国社会主义的经济发展必须坚持可持续发展。它要求在人类只有一个地球家园的前提下,必须加快转变经济发展方式,坚持以可持续发展为主题。正如人们所说,发展是硬道理,硬发展不是道理,只有可持续发展才是真道理。党的十一届三中全会召开之后,中国共产党团结和带领全国各族人民,以经济建设为中心,大力解放和发展生产力,始终抓住发展这个执政兴国的第一要务,不断深化改革和扩大开放,各项建设事业均取得了可喜成就,使国人感到无比自豪与骄傲。虽然在今后的发展中,我们还会遇到很多问题,还要面临不少困境,还须应对各种突发事件,但是应该承认,发展仍然是破解我国所有经济发展难题的关键。为此,我们要牢牢扭住"可持续发展"这个主题,紧紧抓住"转变经济发展方式"这个主线,着力把握发展规律,牢固确立生态文明型经济发展方式,力求实现低资源能源消耗、低生态环境破坏、高质量经济社会效益,也就是要着力推进"绿色发展、循环发展、低碳发展"。

就经济高质量发展道路而言,强调我国社会主义的经济高质量发展必须走中国特色的经济发展道路。在生产力布局、经济结构调整、新型工业化推进、农业现代化发展以及城镇化建设、重大项目实施过程中,都要充分考虑人口因素、地理条件、资源状况、环境承载能力等,把生态文明建设融入其中。这是因为迄今为止,我们走的基本是其他国家曾经走过的"先污染后治理""先破坏后建设""先开发后保护"的传统工业化道路,是一种拼资源拼人力、拼成本、高投入、高消耗、高污染的粗放型发展模式。在这种模式下,虽然我们经济增长的速度令世人刮目相看,经济发展总量位居世界前列,但投入的成本太高了,付出的代价太大了。我们不但透支了作为人类赖以生存与发展的环境和资源,也透支了作为国家与社会发展中极为宝贵的人力资本和权益资本,从而与可持续发展所要求的以人为本、人与自然和谐相处依靠科技和创新引领经济社会发展的路径相去甚远。因此,我们一定要且必须要坚持走体现生态文明建设的中国特色的经济高质量发展道路,既要生产发展、生活富裕,又要生态良好;既要金山银山,更要碧水青山。

总之,经济高质量发展理念、经济高质量发展目标、经济高质量发展方式、经济高质量发展道路这四个主要经济方面,都必须融入生态文明建设。只有这四个方面都融入了生态文明建设,经济层面的生态文明建设才会搞好。

(二)时间维度(历时性或纵向)——经济层面不同阶段或环节的生态文明建设

经济层面不同阶段或环节的生态文明建设,是指在依托生态文明促进经济高质量发展各方面的基础上,进一步把生态文明建设融入经济高质量发展的全过程,也就是融入全过程的每一个阶段或环节,从而建设不同阶段或环节的生态文明。如从社会生产总过程来看,每一项经济活动都包括生产、交换、分配、消费四个相互制约相互联系的环节,在这四个环节中同样也都要融入生态文明建设的思想,体现"尊重自然、顺应自然、保护自然的生态文明理念"。所以,生产中的生态文明建设、交换中的生态文明建设、分配中的生态文明建设、消费中的生态文明建设,都属于依托生态文明促进经济高质量发展全过程的范畴。

以生产中的生态文明建设来说,就是要进行清洁生产,实现生产正义。生产是指具有一定生产经验和劳动技能的劳动者通过有目的的实践活动,改变自然界的物质存在形式,以满足人们某种需要的过程,即物质资料的生产过程。一般说来,人们从事物质生产活动,必须具备三个前提条件:一是作为调整和控制人与自然之间物质变换过程的劳动;二是劳动者将劳动置于其上的劳动对象,包括被纳入生产过程中的没有经过加工的自然物和已经加工过的物体(原料);三是劳动者用以改造和影响劳动对象的一切劳动资料,主要是生产工具。现实的生产,就是劳动者运用劳动资料作用于劳动对象而生产出劳动产品,以满足人们各种需要的过程。这样一来,生产中的生态文明建设,就必须处理好尊重客观自然规律与发挥人的主观能动性之间的辩证关系,进行清洁生产和绿色生产;既要正确地认识自然,合理地改造自然,又要充分地利用自然,有效地保护自然,坚定不移地走人与自然和谐、发展与环境双赢之路,实现生产正义。

以交换中的生态文明建设来说,就是要进行公平交换,实现交换正义。交换是指人们之间相互交换活动或相互交换劳动产品的过程。作为社会生产总过程中的交换,包括人们在生产中发生的各种活动和能力的交换,也包括一般劳动产品和商品的交换。具体说来,交换可分为四类:一是劳动者在生产过程如分工、协作中所进行的各种活动和能力的交换;二是劳动者在生产过程中所进行的各道工序之间的原材料或半成品等的产品交换;三是劳动者所生产的劳动产品在最后进入消费领域之前,针对产品的生产、包装、运输、保管等,在各个不同生产部门或单位之间所进行的交换;四是劳动者所生产的劳动产品在进入最后消费领域或环节所进行的交换,它是直接为消费而进行的交换。在这四类交换中,第一类属于直接生产过程,后三类则是联结生产、分配和消费的中间环节。可见,交换是生产者之间生产及由生产所决定的分配和消费之间的桥梁或中介,是社会生产总过程的中间环节。这样一来,交换中的生态文明建设,就必须处理好交换与生产、分配、消费之间的关系,进行等价交换和公平交换;既要遵循自由平等、互惠互利、公平交易的原则,又要履行交换责任和义务,讲求诚信,做到公平公正,实现交换正义。

以分配中的生态文明建设来说,就是要进行合理分配,实现分配正义。分配是指把劳动者通过劳动所生产出来的劳动产品分归给社会或国家、集团和个人的活动。作为社会生产总过程中的分配,包括作为生产条件的劳动对象、劳动资料、劳动力的分配和作为生产结果的劳动产品的分配。在这里,作为生产条件的劳动对象、劳动资料、劳动力的分配,属于直接生产过程,它决定了生产的性质;作为生产结果的劳动产品的分配,其性质也取决于劳动对象、劳动资料、劳动力分配的性质,劳动产品分配是达到消费的必经阶段和重要环节。这样一来,分配中的生态文明建设,就不仅要处理好人力、物力、财力之间的关系,进行合理分配和公正分配,还要处理好人口、资源、环境之间的关系,坚持公平公正原则;不仅要共享劳动成果,也要共担因生产劳动特别是破坏性劳动所带来的如资源消耗、环境污染、生态失衡等一切后果,从而实现分配正义。其实,分配正义不只是限于财富和物质分配,还有权利、责任和义务的分配等。

以消费中的生态文明建设来说,就是要进行适度消费,实现消费正义。消费是指人们为了满足生产和生活的需要而使用和消耗社会财富的过程。作为社会生产总过程中的消费,包括在生产过程之内进行的生产消费,也包括在生产过程之外进行的个人消费。生产消费是在物质资料生产过程中,对由劳动对象与劳动资料构成的生产资料和由体力与脑力构成的劳动力的使用和耗费,是直接的生产行为,属于生产要素的耗费,是在生产过程之内进行的消费;个人消费是人们把通过劳动生产出来的物质产品和精神产品,用于满足社会成员个体物质生活需要和精神生活需要的行为和过程,是间接的生产行为,属于再生产出能够从事生产活动的劳动者的耗费,是在生产过程之外进行的消费。消费是社会生产总过程中的最后一个环节。这样一来,消费中的生态文明建设,就不仅要处理好消费与生产、交换、分配之间的关系,进行正当消费、合理消费,还要协调分配之间的关系,进行正当消费、合理消费,还要协调好消费与环境、资源社会经济发展水平之间的关系,绝对不能以消耗资源损害环境为代价来满足部分人的消费欲望,提倡环保消费、绿色消费。在消费过程中,人们既要承担相应的责任,也要履行应尽的义务,还要保持人类消费与环境供给能力、吸收能力、补偿能力、再生能力和恢复能力之间的和谐,从而实现消费正义[①]。

第二节　生态文明建设与经济高质量发展面临的挑战

近几年,我国在生态文明建设与经济高质量发展的伟大实践在推进产业结构的调整、经济发展方式的转型、生产方式绿色化等方面都取得了一些成就,生态问题在一定程度上得到了遏制。但是,我国对于生态文明建设与经济高质量发展研究还处于初步探索和起步阶段,生态文明建设与经济高质量发展还存在着很多挑战,如我国公民的生态意识总体比较薄弱;大部分传统企业普遍存在绿色技术创新能力不足的问题,缺乏推进绿色发展的积极性、主动性;同时相关的一体化的法律法规和完善的政策体系并不健全;政绩综合评价体系未真正建立;生态环境总体形势严峻,使生态文明建设与经济高质量发展面临一系列挑战。

一、生态环境总体形势严峻

改革开放40多年来,我们国家经济发展虽然取得了巨大成就,但也不能不看到巨大成就下所带来的严峻的生态环境问题和环境破坏问题,形势十分当严峻。西方国家一两百年里出现的环境污染问题、资源浪费问题,在我国20世纪50年代开始出现,在改革开放后的经济快速发展阶段更是集中显现。我国面临生态环境问题十分明显,在经济发展过程中,由于片面追求经济的发展速度,所造成的资源环境代价过大,经济发展不平衡、城乡差距也进一步加大,不协调矛盾不断涌现,严重生态退

---

①李桂花,高大勇. 把生态文明建设融入经济建设之两重内涵[J]. 求实,2014(04): 50-52.

化、环境污染、资源过度使用等问题不断加重,主要表现在以下三个方面:大气污染严重,尤其是雾霾大范围高密度的爆发;水资源严重遭到破坏,水生态系统遭到威胁;城市的绿色环境基础设施不足等,严重制约了实现我国社会主义现代化宏伟目标。如何破解经济高质量发展下的各种生态难题,实现生态与经济协调发展,事关建设社会主义"五位一体"事业大局和全面建成小康社会。

第一,大气污染严重。雾霾是工业社会的附属品之一,在城市的经济建设过程中,工业废弃物、污染物排放、建筑越来越密集、机动车数量越来越多、交通越来越拥挤,密集区域显著增加的挥发性有机物和氮氧化物,导致大气细微颗粒物和臭氧污染不断加重。最近几年,雾霾更是大范围高频率爆发,企业排放的污染物和废气,污染了土地、农田、饮用水和空气。重工业密集区的居民常感到喉咙疼痛和鼻翼内部通常有黑的颗粒物,偶尔会有窒息的感觉,肺病、气管炎、哮喘、咳嗽的发病率也明显高于其他地区。尤其是近年来,以迅猛态势席卷全国的雾霾,更是让广大民众对雾霾谈而色变,让"APEK蓝""碧水蓝天"保持下去,已成为人民心底最深切的期盼。因此,强力治霾,减煤、脱硝、除尘、控车成为我国生态文明建设的重要难题。虽然,政府制定了关于大气污染治理政策,加大了对大气污染的治理力度,但整体来看,我国大气污染形势依然十分严峻,给我国的经济建设带来了强大的压力,不利于生态与经济的协调发展。

第二,水资源污染情况加剧,水资源改善任务艰巨。中国是一个水资源极度缺乏的国家,中国水资源现状十分不容乐观。淡水资源总量丰富,但人均淡水量只有2200立方米,除去偏远地区的地下水资源以及难以利用的洪水径流等,人均可利用淡水量约为900立方米,人均可利用的淡水资源变得更少,远不足世界平均水平,并且时空分布不均匀,呈现南多北少,东多西少的分布格局。近年来,全国600多座城市中,已有400多个城市出现供水问题,其中110个城市严重缺水,600多个城市的缺水总量高达60亿立方米,城市用水状况十分严峻;同时,地下水污染严重,大多数城市地下水都受到一定程度区域性污染,且有逐年加重的趋势。

而且,近年来我国接连发生水污染事件,水环境安全再次引发人们担忧。据 OECD 组织发布的《中国环境绩效评估报告》称,我国的大部分水域都存在生态问题,1/3 的地表水和 7/10 的地下水补给、陆地水域以及 1/4 的沿海水域的水生态问题都十分严峻。我国共 808 个市辖区中酸雨城市大概有 242 个,酸雨频率平均为 17.4%;在饮用水水源水质的抽样监测中,不达标水抽样占取水总量的 3.8%。这就意味着,居民在日常生活中喝到不达标的饮用水概率是 3.8%。随着工农业生产污水和废水的排放,加上最近几年随着城市化水平的提高,经济建设过程下日趋密集的城市建筑、不合理的交通建设和填湖建厂以及"三高"企业污染排放日益增多,使得地表水污染和城市居民饮用水安全等问题变得更加严峻,成为我国目前面临的主要生态问题。尤其是日趋严重的水体污染不仅影响甚至严重威胁到了城市居民的饮水安全以及居民的生产生活和健康状况,也进一步加剧了生态环境与经济增长的矛盾,成为全面建成小康社会以及建设美丽中国的阻碍力量。

第三,绿色环境基础设施不足。绿地被称为"文明生活的象征",不仅能提高自然的生态质量,同时也能为城市带来良好的经济效益,实现城市经济效益与生态效益的统一。首先,我国城市公园绿色设施严重不足。人均公园绿地面积要达到 20 平方米,才是属于真正的宜居城市,截至 2018 年,我国人均公园绿地面积 14.1 平方米,离宜居城市的标准相差甚远。尤其是在乡镇环境管理及环境保护严重错位的情况下,工农业生产垃圾、废水收集处理和资源回收系统尚不完善,城市生态基础设施建设严重不足,加上城市建设规划的不合理等因素。同时,还因为城市对村镇的辐射带动作用不强、村镇生态功能也不健全,部分村镇普遍存在"脏乱差"现象,对我国生态文明建设造成严重影响。最后,城市的不合理规划和违规建设盛行,在经济建设过程中忽视生态环境保护,片面追求"GDP",缺少对城市绿地等城市及乡镇生态基础设施建设,城市规划中既缺少规划方案,也缺少建设生态型城市的理念。

此外,随着我国经济新常态的到来,我国生态保护与经济高质量发展之间的矛盾也日益突显,城市化过程中水体污染、空气污染、交通拥堵、城市环境噪声污染、城市生态环境质量下降等问题也不断加剧①。

二、生态文明建设与经济高质量发展不协调

改革开放以后,我国的生态文明建设和经济高质量发展从理论到实践都取得了较为明显的成效,但受经济发展水平、经济发展惯性以及区域发展不平衡等因素的制约,二者的融入仍然存在一些突出问题,其突出表现就是两个建设之间发展极其不协调,我国生态文明远不及经济的增长速度,这也是制约我国经济发展、实现伟大中国梦、全面建成小康社会以及实现两个"一百年"的"最短板"。

随着我国城市化进程和工业化进程的双轮驱动,经济发展对生态资源环境的不利影响越来越显著。改革开放后尤其是1995年之后的时期,我国仅用了一个十五年就实现了到国家工业化中后期和城镇化中后期的阶段转化,经济发展中主要依赖能源资源,尤其是对煤炭、石油和天然气的开采和利用,以能源和资源的高耗能、高污染、高强度和低生态经济效益为特征,能源调整以及产业结构和发展方式没有实现真正的转型,生态问题与经济增长的矛盾也日益加剧。前期的大量经济工作给生态环境带来严重的破坏,生态文明建设与经济发展的不协调发展已经严重阻碍了我国的发展进程。

三、缺乏一体化的法律法规和完善的政策体系

我国生态文明与经济高质量发展缺乏一体化的法律法规和完善的政策体系。一是我国的生态文明建设与经济高质量发展的工作缺少现行行政主导。就生态文明建设自身而言,生态文明建设被分为不同区划和部门,一种建设分别隶属于土地、农牧、林业、矿产、水利等不同部门。这样的隶属行为必然会造成体制上的混乱,且不同的产业部门之间配合联动不足、缺少部门间的协调机制建设,因此会产生部门之间的权力冲突,不仅影响生态文明建设工作的实施,也会给经济的可持续发展带来很大威胁。二是生态文明建设与经济高质量发展的环境经济政策不健全。现有的生态环境资源的价格体系不完善,市场监督机制、资源价格机制不健全,不能完全和充分反映生态环境的承载力以及各种能源、资源现

---

①宋亮. 经济高质量发展对推动环境保护及生态文明建设的作用[J]. 吉林农业,2019(23):19-20.

有状况及供求关系和环境损害代价成本等相关指标;生态相关税种不全面,"谁污染,谁付费"的原则没有落实;排污收费征收标准过低,企业没有实行清洁生产与绿色技术创新的动力,征收阻力大;资源循环利用还存在一些政策障碍等。三是生态文明建设与经济高质量发展的法律保障制度不健全。主要是生态资源循环利用方面的法律法规和相关配套法规和标准还不完善,与生态保护紧密相关的法律制度建设工作没有真正落到实处。现行的生态建设制度规范大多是鼓励和倡导性规范,规定的法律责任比较少,而且我国的生态执法环节薄弱,没有步入规范化的轨道。四是完善的环境经济政策体系并没有完全建立。我国关于环境经济政策体系建设工作,目前只完成了一个初步体系框架的构建,其中比较完善的经济环境政策主要有环境财政、环境税费和环境资源定价政策等,其他环境经济政策都不太完善,尚处于试点起步探索或者深入探索阶段。如环境污染责任险制度、排污权交易政策、流域生态补偿机制、环境债券机制等,这些环境政策的实施需要在经济高质量发展的实践过程中进一步明确。由于环境经济政策隶属多部门,同时涉及环保部门、经济部门以及资源管理部门等不同部门,相关经济政策的出台实施需要不同部门的协调。

四、政绩考核制度不健全

经济新常态阶段以来,广大干部虽然在落实绿色发展方面也取得了一些成就,但是对于依托生态文明促进经济高质量发展的某些方面还存在一些认识偏差,并没有认识到新常态下我国推动经济高质量发展生态化的急切性,部分领导干部在政绩考核的发展理念上仍然存在"重经济建设、轻生态建设"倾向,在政绩考核中更把资源状况、环境污染状况、能源利用状况等看作可有可无的软指标,认为生态建设工作投入多、见效慢、结果很难量化,将经济增长看成唯一的硬指标、硬任务。而且,政绩考核中生态文明建设相关内容的权重太少,就很难充分调动各级领导干部进行生态文明建设的主动性、积极性。尤其是在面对经济增速的压力下,转变经济发展方式推进生态文明建设的理念开始发生动摇,通常不采用以绿色科技产业、绿色节能产业等为代表的战略性新兴产业,以惯用刺激房产行业、鼓励重工业发展来发展经济,采用高投入、高耗能、高排放的粗放方式走经济增长老路。这些错误观念反映在实际的经济建设工作中,十分不利于我国生态文明的构建,更不利于实现经济高质量发展与生态文明的可持续发展。

面对这种局面,必须按照中央要求健全政绩考核制度,建立体现生态文明建设与经济高质量发展要求刚性的评价机制,政绩考核体系不仅需要包括经济高质量发展的经济效益这个硬性指标,也要把体现生态效益的资源消耗、环境损害等软指标纳入制度体系,并要求提高政策考核比重,强化硬指标和软指标的双层约束,从根本上抑制地方领导干部片面追求经济增长,扎实有序推进生态文明建设,建立完善的政策考核评价制度,激发生态文明建设与经济高质量发展的正能量。

第三节 生态文明建设与经济高质量发展的战略思路

一、正确处理环境保护与经济社会高质量发展的关系

当前我国环境保护形势严峻、生态系统自我修复功能退化和重点产业资源濒临枯竭等系列影响和制约经济社会可持续发展的环境、生态和资源问题,其首要成因,与长期以来,特别是改革开放40多年来,在实践中没有正确处理环境保护和经济社会高质量发展之间的关系有关,也与没有把以经济建设为中心的社会主义初级阶段基本任务与环境保护作为写入我国宪法的一项基本国策统筹起来有关。在实践中,我们一度采取了"先上车、后补票""先污染、后治理""边污染、边治理""只污染、不治理"的错误做法。因而,传统工业,特别是重化工业,是在"挖煤—修路—水泥—钢材—发电—缺电—再挖煤—再制造"的怪圈中发展和壮大起来的。高耗能、高污染、高投入、低效益、低附加的"三高两低"项目,如发电厂、煤炭加工厂、采矿业、钢铁业、水泥厂一度成为国民经济的支柱产业,甚至在某些地方,成为特定地区国民经济和财政收入的绝对来源,同时还是安置和解决地方就业群体最大的容纳场所。因而,经济社会发展进入新常态后,产能过剩问题就十分突出、节能减排任务也异常艰巨,调结构、转方式的转型之路充满阵痛,社会负担格外沉重。

实际上,经济发展不应是对资源和生态环境的竭泽而渔,生态环境保护也不应是舍弃经济发展的缘木求鱼,但从现实看,我们恰恰是只为了经济利益而过度、甚至是滥用了自然资源,而一强调环境保护,又将其与经济高质量发展对立起来,使经济社会发展出现"一抓就死""一放就又乱"的传统弊病。因而,能源资源过度开采、粗放利用、对外依存度高等问题依然十分突出;耕地减少、水土流失、土壤荒漠化等问题依然存在;水土污染、大气污染、生产生活垃圾污染等与人民群众的日常生活密切相关的问题依然亟待解决……诚然,经济社会高质量发展必须依赖自然资源,二者在某种程度上是一种需求与供给的关系。然而,当"需求和供给之间的和谐,竟变成二者的两极对立"时,我们就必须重新审视经济社会高质量发展与环境保护两者的内在关系。

显然,我们要在社会生产力发展的"需求"与大自然对生产力发展的"供给"之间达成一项"持久协议"。这项协议能够持久有效,是以人和自然的和谐为前提。如果自然的存在首先受到非自然的、来自人类社会的威胁,那么协议的合法性、合理性也将不复存在。基于此,一方面,我们必须牢记在保护自然生态环境的过程中继续发展生产力的历史使命,不断推动整个社会生产力不断前进;另一方面,又要将生态环境能否可持续发展作为检验生产力成败的重要试金石。进而言之,正确处理经济社会高质量发展与环境保护的关系,其实质就是实现经济社会发展的规模和速度与人口结构、资源数量及环境承载力协调一致。但实现经济社会高质量发展与人口、资源、环境相协调,诸要素之间是相互影响的,而不是孤立的,或者说是条块分割的。我们必须在经济社会高质量发展与环境保护两者之间达到协调、取得一致,尽管这是一项极其艰巨的历史性任务[①]。

(一)生态文明理念是经济发展方式转变的重要动力

基于生态文明的理念架构和基本视域,即从"自然—人—社会"相互作用与协调统一出发,要求实现自然生态环境和人类经济社会的和谐发展,也就是物质文明、政治文明、精神文明、社会文明和生态文明的全面发展,这是当代中国经济社会发展方式转变的必然趋势。

五大文明的协调发展是经济发展方式转变的重要动力。生态文明理

---

① 王仲颖,张有生. 生态文明建设与能源转型[M]. 北京:中国经济出版社,201C.

念作为人类社会迄今为止最先进的文明形态,是对文明发展模式的积极扬弃和超越,其以经济社会与生态环境的和谐发展为价值取向,建构自然、人、社会有机统一协调发展的整体系统,从而使人与自然、人与社会、人与自身之多重关系和多种结构得到体现。因此,作为社会进步和发展成果的物质文明、政治文明精神文明、社会文明和生态文明应统一协调发展,以促进生态文明建设理念下的经济、社会、生态的可持续发展,同时也是经济发展方式实现切实有效转变的重要动力。以生态文明理念指导五大文明协调发展作为经济发展方式转变的重要动力,要求将生态价值观作为人类经济活动的规范标准和目标导向,促进生态与经济的和谐协调发展,做到经济社会发展与自然生态环境的良性互动,从而从多角度、多层面多领域地为经济发展方式的有效转变提供条件和手段。这会极大地提高经济发展方式转变过程中多要素的效能发挥,提升转变的质量和速度,缩短转变的时间过程,节约转变的要素消耗,优化转变的结构功能。

生态文明与物质文明、政治文明、精神文明、社会文明一样,是人类社会发展的必然结果,其反映了自然生态关系和社会生态关系协调发展的双重价值维度。因此将生态文明理念实践于人类经济社会发展和生态环境保护是当前改变生态问题严重现实的迫切要求。以生态经济促进社会和谐发展,将经济发展方式的有效转变纳入五大文明和谐发展的议题和框架之中。前者是实现后者的具体手段和途径,后者则是前者的实现目标和动力机制。因此,应将生态文明的核心理念,通过五大文明协调发展体现出来的自然生态关系和社会生态关系的辩证统一与协调发展,作为解决包括经济发展方式转变在内的经济社会发展和生态环境关系问题的观念指导和重要动力,这就从自然、人、社会三者有机统一的角度进一步拓展了经济发展方式转变的研究领域和研究对象,从而使其突破了单纯的经济学概念的范畴,具有了更加深刻的本质内涵和研究意义。

生态文明建设要求人与自然、人与社会、人与人发展形成双重维度、双向和谐的关系。它包括三个有机构成:其一是人与自然的和谐,即人地和谐或生态和谐,也就是人与自然之间的物质变换、能量转换和信息交换状态的和谐;其二是人与社会的和谐,即人际和谐或人态和谐,也就是人与社会之间的人文关怀、发展方式和交往状态的和谐;其三是人与自身的和谐,即人己和谐或心态和谐,也就是人与自身的心理状态、生理状态及其身心状态的和谐。生态文明建设在上述现实架构过程中,要求从"自然—人—社会"三个向度出发,通过物质政治、精神和社会的相互依存、相互作用、相互促进、相互制约、相互影响的辩证统一的发展过程,推动人类社会文明的历史发展,从而从自然、人、社会三者有机统一的整体性、系统性上,建构人类社会与自然生态环境的可持续发展关系,即以人类经济活动为基础的人类社会与生态环境的有机统一和协调发展。

以生态文明理念促进社会进步和发展,不仅要实现人与自然界关系的协调和和谐发展,也要实现人与社会、人与人、人与自然关系的协调与和谐发展,缔造人的自然生态维度和社会的自然生态维度,最终到达发展的有机统一和高度融合,从而为实现五大文明协调发展的最高目标,即人的全面而自由的发展创造有利的社会条件。因此,基于生态文明理念下的五大文明协调发展作为经济发展方式转变的重要动力,是致力于包括经济政治、文化、社会和生态在内的各个因素相互联系、相互促进和相互制约的辩证统一发展;是消解与克服人与自然、人与社会、人与自身关系发展的片面、畸形和异化,促进人与自然、人与社会、人与自身关系的和谐与协调发展,并以此为契机将人类从为自身设置的藩篱和牢笼的桎梏中解放出来,在"自然—人—社会"的协调发展中求得对自身的认识扬弃和超越,从而为人走向全面而自由的发展创造有利条件。

(二)经济发展生态化是经济发展方式转变的价值取向

以生态文明建设作为经济发展方式转变的价值取向和目标导向,会拓展和提升经济发展方式转变的本质和内涵,培育和引导人们走出以方式论方式、以转变论转变的单向性发展方式、思维方式和行为规范,促进生态化思维方式的有效培育,构建生态化的经济发展模式作为经济发展方式转变的目标。在承认和尊重自然界主体地位和生态价值的基础上,使经济获得持续性发展的动力。

经济发展方式转变本身不应仅仅被视为经济发展模式的转变或经济发展战略的调整。因为,经济发展方式转变涉及经济社会的发展与生态文明建设等重大问题。实现经济发展方式的有效转变,要求以经济内在增长路径为支撑,促进经济内在素质的积累、提升和经济结构的绿色化调整。这就必然要求改变传统经济增长模式,即以牺牲资源环境为代价换取经济增长的粗放型生产路径,通过资源节约、环境保护、生态建设等构建经济发展与环境状况相协调的生态化发展理念及其发展模式,实践生态文明理念所倡导的人与自然的协调发展。生态文明倡导经济社会和生态环境的统筹发展,强调生态情怀和生态价值的有机统一,重视对生态环境问题的消解,这与经济发展方式转变所要强调的依据条件相一致,这也是以生态文明理念为指导的生态化经济发展方式构建的基本原则和本质要求之一。

从根本上来讲,生态环境问题产生的根源在于传统文明观指导下的传统经济发展模式的粗放型特征,特别是以外延式的"高投入、高消耗、高污染"为特征的生产方式。生态化的经济发展方式是对传统经济发展方式弊端的有力克服与有效消解。经济建设与生态保护建设的同步,促进经济社会的协调和谐发展与生态环境的良性循环互动。因此,资源节约环境友好、生态文明经济循环、社会和谐等科学发展是其基本特征,是符合生态文明理念的经济发展方式的。

以生态文明理念为指导构建生态化经济发展方式,要求将经济社会与生态环境全面协调发展的生态文明观作为经济发展方式转变的价值理念和目标导向。贯彻上述理念作为人类经济社会发展的价值目标,就是将自然生态系统纳入人类经济活动范围,遵循自然生态环境系统的内在客观规律,将人类社会经济活动与生态维护、环境保护、能源利用的辩证统一关系作为经济社会运行和发展的规范,促进经济社会发展与自然生态环境可持续发展的双赢目标;就是将人类经济活动以及经济社会运行的有效性和发展的协调性建立在尊重自然的主体地位、体现自然生态价值、维护生态环境效益的基础上,将经济社会发展建立在资源持续利用能力和环境容纳承载能力的范围之内。一定要把生态环境放在经济社会发展评价的突出位置。只有这样才能实现自然生态环境的可持续性发展,才能促进人类经济社会的可持续发展,才能实现发展与可持续性在目标和过程层面的有机统一。

以生态文明理念指导人类经济社会发展,构建生态化经济发展方式,将"自然—人—社会"的发展看作整体统一、协调平衡的运动过程。前者强调"自然—人—社会"是具有内在联系的有机的统一整体,以增进协同性功能实现差异基础上的统一;后者强调自然生态系统、经济社会系统和人自身系统的相互适应和相互促进,以增进多样性、丰富性基础上的协同性,是统一基础上的差异。从而在促进各系统功能有效发挥以保证系统动力性的基础上,促进各系统的有机统一和协调运行,保证基于"自然—人—社会"的复合生态系统的整体性和平衡性。"自然—人—社会"具有复合生态系统的整体性特点,这一特点决定了经济社会系统和自然生态系统联系的密切性、不可分割性以及相互制约性。在实践上要求从有机联系的系统整体性出发,关注人类自身利益和自然生态利益的有机统一,实现二者的共存互生。在人类自身利益和自身需求满足的同时,也要尊重和维护其他生命物种的主体地位、利益实现和权利维护,并将其作为经济活动的目标导向和价值取向,将人类社会发展和生态环境发展作为实现人自身发展的必要手段,做到自然的社会发展和社会的自然发展的有机统一。

二、按照系统工程思路进一步解放和发展"生态生产力"

生产力是人(劳动者)使用生产工具(劳动资料)进行生产过程(作用于劳动对象)、创造物质财富的能力。生产力决定的是人与人之间结成的生产关系的性质,体现为自然和人的相互作用。马克思唯物主义认为,物质生产是人类社会存在和发展的前提。自然界不仅是劳动者(人)的生命力、劳动力创造力的最终源泉,而且是一切劳动资料和劳动对象的第一源泉,从其所具有的经济属性上来说,人类所依赖的外界自然可分为生活资料(如土壤的肥力,渔产丰富的水)和劳动资料(如瀑布、河流、森林、金属、煤炭等)两大类。这其中,作为第一类生活资料的土地,就是一种基础的自然资源,是人类生产和生活所需的最基本的物质资料。因为土地(在经济学上也包括水)最初以食物,现成的生活资料供给人类,它未经人的协助,就作为人类劳动的一般对象而存在。所有那些通过劳动只是同土地脱离直接联系的东西,都是天然存在的劳动对象。对于第二类自然资源,在较高的发展阶段,第二类自然资源具有极其重要的决定性意义。

现今,我国虽然已经长时间并且正处于较高的发展阶段,但是在现阶段具有决定性以及战略意义的第二类自然资源不仅不像过去那样丰富，也没有继续为当前高速发展的人类经济社会提供足够自然资源的延续力；相反，由于人类对生态系统的整体性破坏以及与之相伴随的自然生态环境的严重恶化，致使第二类自然资源对经济社会可持续发展的制约性、约束性效力越来越明显，成为影响和推动国际经济政治格局再调整的潜在要素。当前，我国生态环境的形势越发严重，改革开放40多年来超高速发展积攒出来的环境问题具有明显的压缩性和复合性特征，旧的环境问题还没来得及解决，另一些新的环境问题又接着出现。这种"新辙压旧痕"式的生态环境特征，使生态环境问题，由单一的经济发展过程中的生态问题，演化为严重的社会问题、重大的民生问题，还是重大的政治问题，使经济社会发展整体效益同样呈现出几何模式的负增长效应。

因而，如何解决当前社会发展的综合性生态环境问题，恐怕已经不是单纯地讲"先污染、后治理""边治理、边发展"或者一边强调发展经济、一边强调环境保护的问题，而是要将环境保护问题放在更宽广的历史视野、唯物史观视野来看待。据此，要将进一步解放和发展生产力与加强生态文明建设紧密结合起来作为一个整体，按照系统工程的思路，走一条新的高质量发展道路。这就是习近平同志关于生态文明建设重要论述所讲的，保护生产环境，就是保护生产力；改善生态环境，就是发展生产力。

基于此，生态文明与经济高质量发展的重大战略，就是中华民族要把"生态文明"理念，转化为推动实现中华民族伟大复兴"美丽中国"梦的"生态生产力"，以"生态生产力"的巨大推动力，引领和推动全球绿色发展新理念、新实践，进而成为以生态文明建设促进人类一个地球家园命运共同体永续存在的"中国方案"。这个伟大战略定位的实质，就是坚定不移地推动和实现"绿色发展、低碳发展、循环发展"。绿色、低碳、循环的发展模式将孕育形成一种新的生产方式，这种生产方式将更加符合生态文明建设的要求。

三、坚持把生态文明建设融入经济高质量发展中

(一)坚持把转变经济发展方式作为当前生态文明建设的着力点

经济发展方式转变，是当前和今后一个时期我国经济发展的重要任

务。首先，大力推进产能过剩行业的淘汰和转型。我国传统工业产业的突出问题就是高耗能、高污染，发展规模小、产品附加值低、可持续性差，但也不能因此倒推并一概否定传统工业产业的历史价值。相反，我国相当一批传统工业产业，在由传统制造走向先进制造的过程中，本身孕育了绿色技术的新变革。甚至在某些特定行业和特定企业，仅仅为了经济利益而一味损害自然资源和生态环境的事例屡见不鲜，如果按照新常态下社会对绿色GDP的一般认识而论，特定利益团体所获经济利益为"芝麻"，却严重损害了环境保护和生态系统这个"西瓜"的利益。因而，必须以壮士断腕的态度坚决予以淘汰。在这方面，如火如荼开展的供给侧改革，或许能够为推进和化解产业结构调整和产能过剩提供新的战略视角。其次，必须以凤凰涅槃、腾笼换鸟的姿态，大力推进创新驱动发展。坚持创新、协调、绿色、开放和共享五大发展理念，创新在首。生态文明建设是继原始文明、农业文明和工业文明之后人类社会崭新的社会形态，既是工业文明发展到一定阶段的产物，也是不以人的意志为转移的客观存在和历史趋势。支配和决定这一历史趋势的根本性变革力量，如同铁器于农业文明、蒸汽机于工业文明一样，是生产工具和生产技术的历史性变革所推动和形成的新的生产力和生产关系相互作用的结果。因而，建设生态文明，建立一种资源节约型、环境友好型、高效收益型的生产发展模式，生态、绿色技术的创新驱动将起到决定性的作用。通过生态和绿色技术的创新，大幅度提高资源利用率，减少单位产品的能源消耗，进而实现"资源产出率"的最大化。

（二）坚持把系统工程思路作为生态文明建设与经济高质量发展的方法论

习近平总书记指出"人、山、水、林、田、湖是一个生命共同体"。这是从推进环境保护和生态文明建设国家治理体系和治理能力现代化的角度，十分生动地强调了系统工程思路对推进生态文明建设的极端重要性。我们以系统工程思路，把生态文明建设融入经济建设的全过程，以下几个系统建设可以"窥一斑而知全豹"。

第一，区域系统工程。这是指生态环境的维护和治理需要各个行政区域之间的有效沟通和大力配合。显然，大气、河流、矿产资源等不仅仅属于某一特定行政区域，相反，其具有明显的跨区域共享性特征，具有

"一损俱损、一荣俱荣"的关联性。党和国家近年提出并建立的生态补偿机制,即是此意。在该系统中,每一个区域节点内部都能上下联动、有效衔接,区域节点之间能够互相尊重、互相监督、互相支持,从而形成全国不同区域环保系统相互联通,步调一致,共同建设生态文明的区域互助互补治理格局。

第二,机制系统工程。这是指要有一整套系统的预防生态环境破坏、实施环境保护有效治理的体系机制。如在生产经营系统,包括资源的科学有序开采,生产原料的充分利用,生产过程的高效节能,生产废弃物的绿色降解和循环利用等,它实质上反映了循环经济运行机制在生产经营系统的运用。在这个系统中,每一个环节都应该被给予充分的重视,每一个环节都应该得到充分的科学技术支持,每一个环节都应该有必要的监督和监管。

第三,奖惩系统工程。这是指对维护生态、保护环境的责任主体进行奖励,对破坏生态污染环境的责任主体进行惩戒。这个系统包括完善的生态文明法律体系,量化的生态文明建设指标,清晰的责任机制,绿色GDP考核机制以及科学的司法、执法和监督程序等。这里尤其需要指出的是建立科学有效的政绩考核制度体系非常重要。政策制度上必须达成上下一致的共识,从顶层整体设计到基层具体执行,都有明确的目标体系、考核办法和奖惩机制,都能体现并反映出生态文明建设的要求。

(三)坚持把生态产业体系作为生态文明建设与经济高质量发展的战略举措

坚持把大力发展绿色、低碳、循环的生态产业体系作为生态文明建设与经济高质量发展的战略举措。坚持以经济建设为中心,依然是社会主义初级阶段基本路线的重要内容,现代中国经济社会发展最根本、最紧迫的任务依然是进一步解放和发展社会生产力。坚持以经济建设为中心,促进经济高质量发展,经济建设的明确属性应当界定为"绿色",即绿色化的经济建设;坚持进一步解放和发展生产力,要求我们不仅把自然资源作为生产力和生产关系范畴中的要素,而且要把整个生态系统都纳入生产力的范畴,从而与习近平同志"保护生态环境就是保护生产力"的科学论断遥相呼应。基于此,要观察全球产业态势,瞄准世界产业发展制高点,注重发展有附加值、技术含量高、竞争力强以及产业价值链可延长的战略性新型产业,同时大力推进产业结构优化升级,将传统制造业转化为拥有世界先进水平的新兴制造业。同时以绿色化理念升级现代服务行业、优化结构、推动工业化和信息化深度融合,形成高附值、功能完善、竞争力强的现代产业体系,这是夯实生态文明时代绿色国民经济产业基础的战略工程。可以说"生态文明所强调的人与环境、人与自然的协调发展,对中国而言是能否实现后发优势的一个契机"。

经济全球化是指各国经济、文化、资本、技术在世界范围内扩展的结果,其实质就是通过全球贸易投资或者产业转移实现全球产业结构的调整。在这一过程中,西方发达国家通过向欠发达国家转移落后产能,实现其本国经济结构的调整和产业转型升级,但对承接产业转移的国家的资源和环境造成破坏。从当前国际能源资源与生态环境整体格局看,能源危机和生态危机依然广泛存在,地球生态环境的承载力越来越有限。但另一方面,西方发达国家的工业文明之路,在全球化时代,巧妙利用了全球化发展的契机,实现经济增长方式的转变和产业结构的优化,目前正以可持续发展思潮引领世界绿色发展话语权,包括《2030年的可持续发展议程》和《巴黎协定》。但现在一个显而易见和不争的事实是,中国的生态文明理念越来越国际化、全球化,成为在联合国舞台上以全新术语和崭新概念表达中国大力实践绿色发展的"中国方案",如2016年9月举行的G20杭州峰会,首次将生态文明理念和2030年可持续发展议程纳入会议议程。它既是中国的,也是世界的。可以说,21世纪上半叶,中华民族实现伟大复兴,既内在蕴含了美丽中国梦,也必然反映和体现人类一个地球家园的美丽星球梦。但不论怎样,如果不重视生态文明与经济高质量发展的战略考量及其基本路径,实现生态文明美丽中国梦、美丽世界梦的物质基础就不牢固。

第四章 生态文明视域下经济高质量发展框架与运行系统

第一节 "五位一体"总布局中的生态文明经济建设

一、"五位一体"总布局是对社会主义事业建设规律的认识深化

(一)从"两个文明"到"五位一体"

改革开放以来,尽管经济社会发展的阶段各异、建设的重点不同,但总体上,中国共产党始终围绕经济建设这个中心,不断探索实现国家富强、民族振兴、社会进步和人民幸福的道路,推动了建设中国特色社会主义总布局从"两个文明"向"五位一体"的动态演进。从"两个文明""三位一体""四位一体"发展到"五位一体"的中国特色社会主义建设事业总布局,正是对中国特色社会主义事业建设规律和发展规律的准确把握。这是对"物质文明"和"精神文明"概念的首次表达,并初步认识到物质文明与精神文明都是实现社会主义现代化目标的必要条件。物质文明的建设是社会主义精神文明的建设不可缺少的基础。社会主义精神文明对物质文明的建设不但起巨大推动作用,而且保证它的正确发展方向。两种文明的建设,互为条件,又互为目的。在加强物质文明建设的同时,还要建设社会主义的精神文明,最根本的是要使广大人民有共产主义理想,有道德,有文化,守纪律。

社会主义的物质文明和精神文明建设,都要靠继续发展社会主义民主来保证和支持。我国的社会主义建设要以经济建设为中心,坚定不移地进行经济体制改革,坚定不移地进行政治体制改革,坚定不移地加强精神文明建设。经济建设、政治建设和精神文明建设"三位一体"的中国特色社会主义建设布局日渐清晰明确。

　　20世纪90年代初以来,随着建设社会主义市场经济体制目标的提出,包括经济发展、政治生活以及个体状态都发生了巨大变化,给我国的政治、经济、社会、文化生活带来了深刻影响。社会建设的重要性开始突显,其主要内容也不断地嵌入经济建设、政治建设和文化建设之中。因此,将"社会更加和谐"作为全面建设小康社会的奋斗目标,更加彰显了社会建设在中国特色社会主义建设事业布局的战略地位。

　　进入21世纪,随着我国经济社会的不断发展,中国特色社会主义事业的总体布局,更加明确地由社会主义经济建设、政治建设、文化建设三位一体发展为社会主义经济建设、政治建设、文化建设和社会建设四位一体。按照这一总体要求和发展趋势,国家随后提出"建设社会主义市场经济、社会主义民主政治、社会主义先进文化、社会主义和谐社会,建设富强、民主、文明、和谐的社会主义现代化国家"的战略目标,中国特色社会主义"四位一体"总布局完整确立。

　　随着中国面临的"经济增长—环境代价"发展陷阱日益突显,资源约束、环境污染、生态退化已经成为制约经济、政治、文化、社会全面发展的最大瓶颈。因此,2012年以来,在协同推进新型工业化、信息化、城镇化、农业现代化和绿色化发展中,将生态文明建设作为摆脱"经济增长—环境代价"发展陷阱的根本出路,形成了中国特色社会主义经济建设、政治建设、文化建设、社会建设、生态文明建设的"五位一体"总布局。

(二)"五位一体"总布局是中国特色社会主义整体文明现代化

　　中国特色社会主义"五位一体"总布局是经济、政治、文化、社会、生态文明等各项内容构成的一个相互联系、不可分割的有机整体,是马克思主义关于联系和发展的唯物辩证法观点在当代中国的新发展,更是在对工业文明主导的现代化实践进行反思的基础上,对中国特色社会主义文明体系的认识和深化以及对中国特色社会主义本质内涵的丰富和拓展。从文明构成要素来看,中国特色社会主义"五位一体"总布局表征着物质文明、政治文明、精神文明、社会文明和生态文明等文明要素构成的整体文明;从文明形态演变来看,中国特色社会主义"五位一体"总布局表征着超越于工业文明主导的现代文明崭新范式。

　　因此,中国特色社会主义"五位一体"总布局是对社会主义现代化整体文明实践形态的升华。生态文明建设在"五位一体"总布局中的突出地位和先导功能,决定了生态文明已成为中国特色社会主义现代化整体文明形态的理论话语,也决定了生态文明建设急需深刻融入和全面贯穿于经济建设、政治建设、文化建设、社会建设各方面和全过程的实践要求。中国特色社会主义"五位一体"总布局建设事业具有系统性、整体性、层次性、结构性和开放性特征。对中国特色社会主义"五位一体"总布局的认识是一个从静态分析到动态演化、从认识到实践再到认识深化的完整过程,不可能一蹴而就。随着中国特色社会主义伟大实践的深化和拓展,中国特色社会主义总布局的内涵和外延将更加丰富。中国共产党只有从系统性、整体性和动态性的视角出发,才能真正把握社会主义建设的基本规律,才能在中国特色社会主义整体文明现代化实践进程中为全面建成小康社会和实现中华民族伟大复兴奠定基础①。

二、生态文明建设在"五位一体"总布局中的逻辑必然与战略地位

生态文明建设被纳入中国特色社会主义"五位一体"总布局框架,是中国共产党在中国特色社会主义现代化建设实践中把握发展规律、创新发展理念、破解发展难题的根本性战略抉择。

(一)生态文明建设纳入"五位一体"总布局的逻辑必然

生态文明建设被纳入中国特色社会主义"五位一体"总布局,体现了中国共产党对社会主义现代化有机整体的深化认识,反映了当代中国人民对生态权益诉求的新期待,具有理论和实践逻辑必然。

第一,中国特色社会主义"五位一体"总布局,本质上是中国特色社会主义经济现代化、政治现代化、文化现代化、社会现代化、生态现代化构成的整体文明的现代化。马克思主义创始人在考察社会及其文明形态时,始终是以整体世界观和方法论为基础,将社会作为一个有机整体加以考察。从总体范畴上,整体对各部分的全面的、决定性的统治地位,是马克思取自黑格尔并独创性地改造成为一门全新科学的基础的方法的本质。马克思主义对社会发展的整体认识构成了对社会发展的整体文明观。文明是人类社会所创造的并反映社会进步状态的各种积极成

---

①李高东.中国特色社会主义事业五位一体总布局研究[M].徐州:中国矿业大学出版社,201C.

果的总和,是包含多种要素构成的有机系统,既有物质的、精神的内容,也有政治的、社会的内容,还包括自然界和生态环境的内容。因而,从文明的构成要素来看,文明是包括物质文明、精神文明、政治文明、社会文明和生态文明等内容构成的有机整体。由此,将生态文明建设纳入中国特色社会主义"五位一体"总布局,不仅是社会主义建设事业的现实需要,同时也是马克思主义社会结构理论和社会整体文明理论的继承和发展,蕴含着中国特色社会主义现代化建设实践主体遵循自然规律、经济规律、文化规律、全面发展规律以及遵循马克思主义关于社会发展整体文明观的理论逻辑必然。

第二,生态文明与可持续发展的本质契合,将生态文明建设纳入中国特色社会主义"五位一体"总布局,具有明确的现实指向和实践指向。为了应对我国经济快速发展带来的资源约束、环境污染、生态退化等现实客观情势,大力推进生态文明建设已成为必然选择,也是贯彻落实可持续发展的必由之路。生态文明与可持续发展具有本质上的一致性,都把人的权益作为核心立场,突出经济发展对政治、文化、社会、生态改善的基础性,重视统筹城乡、统筹经济社会的全面协调发展。因此,将生态文明建设纳入中国特色社会主义"五位一体"总布局,是落实可持续发展、促进经济发展方式转变的根本要求,是实现中国特色社会主义经济、政治、文化、社会、生态文明协调发展和整体现代化的现实选择。

第三,生态文明建设纳入"五位一体"总布局是满足人民日益增长的生态产品需要的必然要求。在改革开放初期,为了摆脱极端贫困的现实现状,经济建设和经济发展的主要目标在于满足人民日益增长的物质需要,随着物质需要得到极大满足又相应产生了精神文化需求。但随着物质财富增长、民主政治发展、精神文化繁荣,却伴生着资源的消耗、环境的污染与生态的退化,环境危机和生态危机逐渐显现,甚至威胁到人类自身健康和生命。在这种背景下,人们日益关注个人的生态权益,关注生态环境变化,能否吃上放心安全的食品、能否喝上干净清洁的水、能否呼吸到清新的空气成了重大而现实的民生问题。从人民的根本利益出发,把生态文明建设纳入中国特色社会主义"五位一体"总布局,正是对人民日益增长的生态环境权益和环境保护要求的积极回应。

第四,生态文明建设成为社会主义现代化建设的总布局之一是顺应全球可持续发展的必然趋势。自近代以来,工业文明主导的人类社会发展,创造出了比以往任一时期都要丰富的物质财富。人们长久地沉浸于丰富的物质财富喜悦之中,消费主义和享乐主义盛行,却忽视了财富增长带来的资源过度消耗和严重的生态破坏,随之而来的是生态环境危机、能源资源危机以及气候变化等日渐成为全球性的公共问题。为应对这一全球性公共问题,国际社会逐渐认识到传统经济发展方式、消费模式及生活方式急需得到根本性改变,绿色发展、循环发展、低碳发展及可持续发展已成为全球发展共识。中国作为最大的发展中国家,巨大的经济体量需要巨大的环境容量作支撑,必须顺应全球可持续发展、科学发展、绿色循环低碳发展的趋势和潮流。因此,生态文明建设适时提出并纳入中国特色社会主义"五位一体"总布局,正是顺应全球可持续发展潮流的"中国行动"和"中国方案"。

(二)生态文明建设是"五位一体"总布局的战略基础

离开经济社会发展谈文化建设和生态文明建设,无异于缘木求鱼;离开生态文明建设讲经济社会发展,无异于竭泽而渔。良好的生态环境和丰富的自然资源是人类社会永续发展的根本基础。因此,社会主义生态文明建设是中国特色社会主义"五位一体"总布局中的战略基础。

1.社会主义生态文明建设是根基和条件

中国特色社会主义整体文明的现代化不仅反映人与自然之间的和谐状态,还要求人与人、人与社会之间达成一种和谐共生的均衡状态,更是体现经济发展、政治民主、文化繁荣、社会和谐、生态友好的进步状态。把生态文明建设放在突出地位,体现了社会主义生态文明建设在中国特色社会主义"五位一体"总布局中的基石地位和基础条件。生态文明建设是其他建设的自然载体和环境基础,并渗透、贯穿于其他建设之中,一切发展建设都不应以损害生态环境为前提,没有社会主义生态文明建设,经济建设就会与自然再生产、社会再生产失去平衡,进而制约经济建设、政治建设、文化建设和社会建设。

2.社会主义经济建设是中心和前提

人类文明形态的演进,归根结底是由生产力的全面发展决定的。本质上讲,中国特色社会主义生态文明建设的中心和前提仍然是经济发展的问题。没有全面生产力的发展和经济发展水平的提高,政治建设、文化建设、社会建设、生态文明建设就缺乏强大的物质基础。基于此,我们仍然必须强调经济建设的重要地位,发展仍然是解决问题的关键。只有推动经济持续健康发展,才能为国家繁荣富强、人民幸福安康、社会和谐稳定提供坚实的物质基础。因此,以持续健康的经济发展为中心和前提,既是中国特色社会主义生态文明建设的物质基础,更是中国特色社会主义事业全面现代化的物质基础。

3.社会主义政治建设是保障和方向

以生态文明建设引领的中国特色社会主义整体现代化,必须以中国特色社会主义政治建设为保障和方向。社会主义生态文明建设是中国特色社会主义道路的具体展开,是以中国特色社会主义理论体系为行动指南,以中国特色社会主义制度为根本保障的,中国特色社会主义道路、理论体系和制度共同决定了中国特色社会主义生态文明建设伟大实践的正确方向。同时,社会主义政治建设是社会主义经济建设的集中体现,是在一定经济、文化、社会、生态环境基础上发展和完善起来的,并反作用于经济建设、文化建设、社会建设和生态文明建设。党的领导、人民当家做主、依法治国有机统一的中国特色社会主义政治发展道路,可以有效发挥和调动广大人民群众参与经济建设、文化建设、社会建设和生态文明建设的创造性和积极性,使全社会迸发出巨大的活力。

第二节　生态文明经济高质量发展的框架

在对当前我国依托生态文明促进经济高质量发展存在的认识误区和现实困境深入分析的基础上,借鉴国外实践经验,结合中国特色社会主义"五位一体"总布局和推进"国家治理现代化"全面深化改革总任务,急需重构中国生态文明融入经济建设,促进经济高质量发展的战略框架,明确依托生态文明促进经济高质量发展的目标层次、框架体系、战略前提、战略主线。

一、依托生态文明促进经济高质量发展的目标层次和框架体系

依托生态文明促进经济高质量发展,必须立足当前、把握长远,面向实现中国特色社会主义整体文明现代化,确定阶段性、层次性总体目标。以此为基础,形成我国依托生态文明促进经济高质量发展各方面和全过程的框架体系,确保总体目标分阶段、分层次逐一实现[①]。

(一)依托生态文明促进经济高质量发展的总体目标层次

美丽中国是依托生态文明促进经济高质量发展的总体目标,依托生态文明促进经济高质量发展是建设美丽中国的必由之路。依托生态文明促进经济高质量发展与实现中国特色社会主义整体文明现代化、实现中华民族伟大复兴是同步相伴的。这在一定程度上决定了我国依托生态文明促进经济高质量发展也具有顺次递进的阶段性层次目标。

1.第一层次目标——生产发展、生活富裕、生态良好

到2020年年底我国应当建成为生产发展、生活富裕基础上的生态良好国家。从这一论述中,我国依托生态文明促进经济高质量发展也应在2020年年底全面建成小康社会之时实现生产发展、生活宽裕基础上的生态良好的阶段性目标。全面建成小康社会,实现"生产发展、生活富裕基础上的生态良好"目标,主要体现在经济发展平衡性、协调性基础上的可持续性增强,基本形成主体功能区布局、初步建立资源循环利用体系,依托生态文明促进经济高质量发展的制度机制得到建立健全,形成人与自然和谐发展的社会主义现代化建设新格局。这是根据党和国家发展战略提炼而出的第一层次目标,是实现更高层次目标的基础。实现生产发展、生活富裕基础上的生态良好具有"三个适应"和"三个良性循环",即生态环境适应生态自身的发展需求,实现生态环境自身的良性循环;适应人的生态需求,实现人与生态的良性循环;适应经济社会发展的生态需求,实现经济社会发展与生态环境的良性循环。可见,第一层次目标是以生态系统内部良好、人与生态关系良好、经济社会与生态环境关系良好为标准。

---

①李东洪,卢晓. 浅谈生态文明建设与经济高质量发展共赢策略以崇左市为例[J]. 广西经济,2019(0□):□□-□8.

2.第二层次目标——建成社会主义生态文明强国

生态环境的好坏、生态文明程度的高低是衡量一个国家或地区重要综合竞争能力的重要标志。这就要求将生态文明作为国家综合能力的构成内容,将生态文明建设作为中国特色社会主义现代化建设和实现中华民族伟大复兴目标的重要维度,逐渐摆脱中国迈向经济强国引发的"资源威胁论"和"环境威胁论"等国际舆论。基于此,急需依托生态文明促进经济高质量发展,在建设社会主义经济强国的同时加快建设社会主义文明强国,以回应国际舆论。建设社会主义生态文明强国与中国特色社会主义整体文明的现代化进程具有一致性。

因此,作为第二层次目标,建设社会主义生态文明强国主要包含两个具体层次:在全面建成小康社会时实现小康意义上的生态文明强国目标;在实现中华民族伟大复兴时实现民族复兴的生态文明强国梦。基于这样的层次目标要求,建成社会主义生态文明强国必须实现"四个突破":一是拥有基本的生态资源、生态要素、生态产品、生态空间等生态财富,这是依托生态文明促进经济高质量发展、建成社会主义生态文明强国的禀赋条件;二是拥有巨大的生态存量空间、生态发展空间等生态潜力空间,这是建设美丽中国、实现中华民族永续发展的潜在能力;三是逐渐建立起满足公众生态需求的生态文化福利体系,重视生态休闲、生态旅游等生态文化福利的培育;四是拥有强大的生态产业、生态空间、生态科技、生态产品等生态竞争力,形成以生态文化、生态产业、生态城市、生态科技、生态产品衡量建成社会主义生态文明强国的标志。

3.第三层次目标——实现生态文明主导的整体现代化

作为世界上发展速度最快、经济体量最大的发展中国家,应率先实现生态文明主导的整体现代化,为世界发展中国家实现经济持续发展与生态文明建设提供理论框架和实践经验,彰显中国生态文明型现代化大国的追求和形象。因此,探寻发展中经济体实现经济可持续发展、实现生态文明型整体现代化目标,构成了我国依托生态文明促进经济高质量发展的第三层次目标,即将经济现代化、政治现代化、文化现代化、社会现代化等纳入生态文明主导的整体现代化发展轨道,使中国在社会主义文明发展进程中达到现代化程度,甚至超越发达国家的现代化程度。所以,到2050年基本实现现代化之时,我国经济的高质量发展不仅要在国内形成一种包容经济发展、政治民主、文化繁荣、社会公平、生态共享的绿色现代化新模式,还要成为国际社会促进绿色规划、绿色产业、绿色城镇、美丽乡村等绿色发展的新样板。

我国依托生态文明促进经济高质量发展要实现的三个目标层次相互衔接、顺次递进、阶段推进,具有明确的战略导向性。

(二)依托生态文明促进经济高质量发展的战略框架体系

在社会主义初级阶段,为实现人与自然、人与人、人与社会关系的和谐共生,我们不能单纯为了保护生态而停下现代化脚步,回到工业文明前的状态;我们也不能将生态文明建设视为经济发展中的理想,把生态文明"悬置"起来看作"未来式",不顾及传统工业文明现代化主导的经济发展对生态环境的破坏;我们更不能像发达的工业国家通过"产业与资本转移"和"环境污染成本转嫁"战略来缓解国内生态危机,把工业文明主导的现代化所造成的资源消耗、环境污染和生态退化等种种的负面效应"转嫁"到其他国家和地区去。因此,我国在以经济建设为中心的社会主义初级阶段,唯一的战略选择就是实施以生态文明为导向的经济高质量发展模式,将生态文明的理念、原则、目标深刻融入和全面贯穿到经济高质量发展的各方面和全过程。

显然,以生态文明为导向的经济高质量发展战略,既不是回到由工业文明主导,以"高投入、高消耗、高排放"为特征的经济发展战略,更不是对发达国家普遍采用的向发展中国家"转移"和"转嫁"的战略模仿,它是一种立足于"转变"的发展战略,既包括经济发展理念、发展理论和发展方法的转变,也包括经济运行方式、体制机制、绩效评价的系统性转变。因此,在依托生态文明促进经济高质量发展各方面和全过程总体目标层次的基础上,结合生态文明建设新理念、新思想和新战略,提出依托生态文明促进经济高质量发展的战略框架。从宏观层面上看,依托生态文明促进经济高质量发展的战略框架体系主要包括背景、理念、原则、方针和要求。

1.背景

我国是一个发展中大国,人口、资源等相对不足,人地矛盾突出,资源能源刚性需求较大、生态环境破坏严重、生态自然修复能力不强等诸多自然因素、经济因素、社会因素、文化因素以及国际因素又交织一体，使得依托生态文明促进经济高质量发展成为必然选择。战略背景分析是战略设计和顶层设计的起点，尤其是每一个五年规划的中期、后期总结，是下一个五年规划编制的重要参考。

2.战略理念

依托生态文明促进经济高质量发展需要摆脱一味向大自然单向索取的思维，按照人与自然和谐共生的要求，树立尊重自然、顺应自然、保护自然的理念，树立发展和保护相统一的理念，树立绿水青山就是金山银山的理念，树立自然价值和自然资本的理念，树立空间均衡的理念，树立山水林田湖是一个生命共同体的理念，推动形成人与自然和谐发展的现代化建设新格局。

3.战略原则

依托生态文明促进经济高质量发展的各方面和全过程应坚持资源集约节约原则、利用与保护并重原则、经济质量与效益优先原则、资源供需调节市场优先原则、产业结构调整与空间布局优化协同原则、技术创新与治理创新协同原则。

4.战略方针和要求

依托生态文明促进经济高质量发展虽然是以经济建设为中心，但必须坚持以节约优先、保护优先和自然恢复为主的方针。在资源利用方面，实现资源集约利用和节约消费；在环境改善方面，以保护优先防止重蹈"先污染、后治理"的覆辙；在生态建设方面，以自然界自我调节、自我更新和自我修复为主。同时，以经济绿色发展、循环发展和低碳发展作为依托生态文明促进经济高质量发展的根本要求。

二、依托生态文明促进经济高质量发展的战略前提和战略主线

依托生态文明促进经济高质量发展，在本质上是一个经济发展的问题，经济建设是中心和前提，经济发展方式转变是主线和关键。因此，依托生态文明促进经济高质量发展的战略前提是紧紧扣住以可持续发展

为主导的经济建设这个中心,战略主线是坚持以可持续发展为主题的经济发展方式绿色化转变。

(一)依托生态文明促进经济高质量发展的战略前提

依托生态文明促进经济高质量发展是在我国正处于并将长期处于社会主义初级阶段、经济发展总量较大,但人均国民收入水平刚上升到中等行列国家的总体背景下进行的,还不得不去面对经济快速增长的要求与资源集约节约利用、生态环境保护的尖锐矛盾。那么,在有限的资源硬约束下是继续推进创新驱动促进经济发展,还是一味加强环境保护、节约利用资源呢? 显然,在中国社会主义初级阶段,经济发展脚步和工业化进程不能停滞不前,必须要在对有限资源高效集约节约利用、环境污染改善和生态系统修复的同时继续加快经济建设,其关键抉择就是改变传统经济增长模式和工业化生产方式。因此,推进生态文明深刻融入和全面贯穿到经济发展的各方面和全过程,必须首先明确其战略前提。

依托生态文明促进经济高质量发展,首先要以贯彻落实可持续发展为战略思维前提。无论是生态文明建设,还是经济建设都要贯彻落实可持续发展,依托生态文明促进经济高质量发展要集中体现和反映可持续发展。就依托生态文明促进经济高质量发展而言,必须把坚持经济发展作为第一要义,把以人为本作为核心立场,把全面协调可持续发展作为基本要求,把统筹兼顾作为根本方法,将尊重自然、顺应自然、保护自然、发展和保护相统一、绿水青山就是金山银山、自然价值和自然资本、空间均衡、山水林田湖是一个生命共同体等新理念全面贯穿到经济建设各方面和全过程,实现人与自然和谐共生与平衡共进。

依托生态文明促进经济高质量发展,其次要以坚持经济发展为战略实践前提。贯彻落实可持续发展,第一要义就是坚持发展。对于当代中国,发展不仅是解决所有问题的关键,发展更是生态文明建设的物质基础。只有发展才能满足人类社会多样化需求、推动社会整体进步,也才能进一步为解决人口、资源、环境问题提供支撑。中国特色社会主义生态文明不是没有经济发展的生态文明,也不是停止现代化脚步的生态文明。中国特色社会主义生态文明必须是以高度发达的生产力和健康持续的经济发展方式作为物质前提和战略前提。从根本上讲,这是"发展才是硬道理""发展是执政兴国第一要务"共同决定的。因此,发展才是依托生态文明促进经济高质量发展的战略实践前提,中国在发展中产生的资源能源过度消耗、环境污染严重破坏、生态系统持续退化等问题,也只有在促进经济发展中逐步加以解决,必须继续坚持在发展中保护、在保护中发展的辩证统一。

总之,要站在人类发展的长远和整体立场上,既要考虑当代人发展的需要,又要顾及人类长远发展的需要,在树立新的发展理念的基础上变革传统经济建设重"速度"轻"效益"、重"规模"轻"质量"的做法,逐渐转向实现经济发展速度、结构、效益和质量的统一,更加注重经济发展质量和效益。

(二)依托生态文明促进经济高质量发展的战略主线

中国特色社会主义生态文明作为优越于资本主义制度和超越于工业文明的一种新型文明形态,赋予了发展新内涵,发展是以可持续发展为指导、以转变经济发展方式为主线、以绿色创新驱动为支撑的发展,其中转变经济发展方式是生态文明建设的先决条件。因此,依托生态文明促进经济高质量发展是以贯彻落实可持续发展推进经济健康发展为战略前提,以坚持可持续发展主题转变经济发展方式为战略主线的。需要明确的是,依托生态文明促进经济高质量发展是以经济发展为战略前提,并非唯经济建设论和唯经济增长论,而是强调经济发展方式的生态文明化转型,强调以经济建设中心为推动中国特色社会主义整体文明现代化提供坚实物质基础。同时,在全面把握经济建设和经济发展这个战略前提的基础上,要更加注重经济发展方式转变这条主线,在经济发展中赋予发展生态化、绿色化内涵,真正将促进经济发展方式绿色变革与生态转型作为依托生态文明促进经济高质量发展的战略主线和本质规定。

依托生态文明促进经济高质量发展各方面和全过程要以坚持可持续发展为主题、以转变经济发展方式为主线来展开。在产业链条上,形成集约节约、高效利用的生产方式,促进经济社会再生产各环节资源循环和低碳利用;政府要把绿色发展、循环发展、低碳发展的理念贯穿到经济政策方案和具体制度安排中去;通过把生态文明教育纳入完整的国民教育体系,加大生态文明价值观念的宣传和引导,形成全社会适度合理的消费观念和行为方式,构建资源节约型和环境友好型社会。同时,围绕主体、规划、产业、空间、制度"五大载体",坚持以可持续发展为主题,以转变经济发展方式为主线,走新型工业化道路、新型城镇化道路、新型生态高效农业发展道路,促进信息化与新型工业、现代农业、新型城镇的融合,通过生产空间、生活空间、生态空间的布局优化,使绿色经济、循环经济和低碳经济在整个国民经济结构中占较大比重,推动产业结构、空间格局、城乡格局等重大经济建设领域实现绿色转型,推动经济发展方式转变,为中国特色社会主义现代化奠定物质基础,发挥经济持续健康发展对社会主义现代化建设的牵引作用。

第三节 生态文明经济高质量发展的运行系统

一、依托生态文明促进经济高质量发展的系统构成

经济建设、政治建设、文化建设、社会建设、生态文明建设各子系统共同构成中国特色社会主义现代化建设总系统,且经济建设、政治建设、文化建设、社会建设、生态文明建设各子系统具有不同的建设目标、任务及路径。就依托生态文明促进经济高质量发展而言,本质上是生态文明建设系统与经济建设系统两大子系统在系统要素和结构上的耦合协同。因此,依托生态文明促进经济高质量发展的各方面和全过程,可以将经济建设子系统与生态文明建设子系统同步分解为包含理念、原则、目标、任务、技术支撑、制度体系、实现机制、推进路径等构成要素。要实现生态文明建设子系统与经济建设子系统耦合协同,就必须促进构成要素保持一致性,才有助于增强要素层面的耦合针对性和有效性,以此形成新型生态文明导向型经济建设系统。

生态文明建设系统与经济建设系统在发展理念、实施原则、总体目标、基本任务、技术支撑、制度体系、实现机制、推进路径等要素层面表现出系统结构耦合特征,依托生态文明促进经济高质量发展的各方面和全过程进一步分解为各子系统,即将生态文明融入企业系统、园区系统、产业系统、区域系统、社会系统等,实现经济建设各子系统各方面和全过程的生态文明化转型与绿色变革。所以,从依托生态文明促进经济高质量发展的系统构成与发展过程来看,主要包含三个系统构成层次。

（一）宏观层次的系统构成

宏观层次的系统构成主要包括生态文明建设系统与经济建设系统结构耦合内容，即宏观层次的系统构成的发展观念、实施原则、总体目标、基本任务、技术支撑、制度体系、实现机制和推进路径。这些构成要素在生态文明融入政治建设、文化建设、社会建设各个方面和全过程也具有一般意义，不同的只是政治建设系统、文化建设系统、社会建设系统等子系统内部构成与经济建设子系统内部构成存在本质差异。从这个角度来看，依托生态文明促进经济建设、政治建设、文化建设、社会建设各方面和全过程具有异质的构成要件，发展的关键环节、重点领域、具体路径不尽相同。因而，从宏观层面科学认识依托生态文明促进经济高质量发展的构成要素对进一步厘清中观层、微观层的构成要素具有先导性意义。

（二）中观层次的系统构成

中观层次的系统构成主要包括依托生态文明促进经济高质量发展的各子系统，即将生态文明融入企业系统、园区系统、产业系统、区域系统、社会系统等各子系统。生态文明融入企业系统是突出作为市场经济行为主体的企业将生态文明的理念、原则、目标等深刻融入产品设计和技术创新等环节；生态文明融入产业系统是适应产业结构优化和产业链资源循环利用的要求；生态文明融入园区系统是适应地方加快建设高新技术开发园区、现代农业产业园区、文化创意产业园区等新型产业模式；生态文明融入区域空间系统是适应美丽乡村建设、新型城镇化建设和重点经济区域建设的战略要求；生态文明融入社会系统是适应不同经济行为主体社会生活区域的更新要求，各中观子系统相互促进物质变换，保证了各子系统内部和各子系统之间的有序运转。

（三）微观层次的系统构成

微观层次的系统构成主要包括由企业系统分解的产品技术研发、产品生产和技术应用、产品营销及产品回收；由产业系统分解的生态高效农业、新型生态工业、生态服务业和环保产业；由园区系统分解的园区生态经济规划、园区生态经济建设、园区生态经济运行和园区生态经济控制管理；由区域系统分解的美丽乡村建设、新型城镇化、经济规划区、主体功能区等；由社会系统分解的家庭、社群、社区和非政府组织等，这些微观系统相互交换着物质能量。

依托生态文明促进经济高质量发展由以上三个层次系统构成,具体而言,依托生态文明促进经济高质量发展形成的新型经济系统是由若干清洁生产企业、循环关联产业、生态工业园区和多条生态工业链组成,企业、产业和园区之间,通过生态工业链网,建立物质交换关系,使系统中的物质和能源都得到充分利用,形成共生组合,实现整个生产系统的循环化和生态化转向。如果说宏观层次决定了依托生态文明促进经济高质量发展的性质和方向,那么中观层次和微观层次的实践推进就决定依托生态文明促进经济高质量发展的成败。因此,要使生态文明建设在经济系统中发挥作用,促进经济高质量发展,就必须立足于经济系统整体,统筹经济建设各子系统功能①。

二、依托生态文明促进经济高质量发展的责任主体

在确定依托生态文明促进经济高质量发展的战略框架体系和系统进行分解之后,落实依托生态文明促进经济高质量发展的细节也是关键。因此,必须进一步明确依托生态文明促进经济高质量发展的责任主体和主体责任,才能更好地保证依托生态文明促进经济高质量发展有序、有节、分层次稳步实施和深入推进。从依托生态文明促进经济高质量发展的"政府—市场—社会"整合分析框架和实现"政府—市场—社会"治理现代化框架来看,宏观上覆盖了政府主体、市场主体和社会主体及其主体责任,各级政府必须运用经济政策手段引导和规范市场主体行为和社会公众行为,加强政府自我行为监督和管控,三者协同保证依托生态文明促进经济高质量发展各方面和全过程的落实、落细和落地。因此,促进经济、社会、人与自然和谐共生和平衡共进,除了必须紧紧依靠人民群众的力量,充分发挥人民群众在建设社会主义生态文明中的主体作用外,还应从宏观层面明确政府、企业和公众三大责任主体在依托生态文明促进经济高质量发展各方面和全过程中的主体责任及其协作关系。归根结底,依托生态文明促进经济高质量发展,不能仅靠单方力量、单一路径,而是需要在党的核心领导下建立政府、市场与社会之间的协作机制,激活三方力量形成合力,协同参与和推动经济绿色发展。

①米姗,周佳骅,聂昊. 以生态设计视角论生态文明建设与经济发展的关系[J]. 城市建设理论研究(电子版),201[(21):3047-3048.

(一)依托生态文明促进经济高质量发展的政府主导和政府责任

政府在经济建设和生态文明建设中起着主导作用,对经济能否健康持续发展、对生态文明建设能否取得实效至关重要。依托生态文明促进经济高质量发展,离不开政府主体有效的制度安排、政策方案和积极推动。因此,要实现经济发展和环境保护同步推进、经济发展和生态保护协同双赢,就必须更好地发挥政府职能,把发展观、执政观以及自然观内在统一起来,从发展理念、发展原则、发展目标、体制机制、制度创新、推进路径等方面为依托生态文明促进经济高质量发展提供持久保障。

第一,树立可持续发展观念,建立与依托生态文明促进经济高质量发展相适应的生态服务型和生态文明型政府,积极探索不同区域、不同行业、不同产业、不同主体、不同要素的生态文明发展新模式,充分发挥市场对资源配置的决定性作用,加强经济空间布局、经济结构优化、发展多样化生态产业形态,加快生态科学技术创新研发和管理,推动经济发展方式变革,在经济持续健康发展中不断提高生态环境质量,优化生产、生活与生态空间格局。

第二,加强科学规划,各级政府应根据地域空间、资源禀赋和生态环境等基础条件,制定科学合理的经济发展规划,把调整经济结构、转变经济发展方式作为规划主线,积极开发和推广集约节约、循环利用的先进技术和新型能源,发展环保产业,推广清洁生产,大力发展绿色经济、循环经济和低碳经济。

第三,加强制定适应新时期、新要求和新变化的依托生态文明促进经济高质量发展的法律体系、制度规范和产业标准,使生态文明型经济建设制度化和法制化;同时,政府加大经济政策支持力度,完善信贷、税收、财政等经济政策体系。

第四,在经济社会再生产各环节和各方面,以法律体系、制度规章和产业标准为基本依据,政府加强对经济建设重点领域、关键环节、重点产业、主要产业园区的生态文明化监督和管理。

(二)依托生态文明促进经济高质量发展的市场主体和企业责任

市场主体在社会主义市场经济发展中扮演着核心角色。企业作为市场经济运行系统和经济再生产各环节最为活跃的行为主体,是依托生态文明促进经济高质量发展各方面和全过程的市场责任主体。企业在面对资源约束趋紧、环境污染恶化及能源供给紧张等现实问题时,为推动企业自身持续发展,必须将生态文明的理念、原则、目标、任务等深刻融入和全面贯穿到企业经济再生产过程中的产品与技术研发、产品制造、产品营销及产品回收利用等各环节。企业是依托生态文明促进经济高质量发展的重要微观环节。企业在依托生态文明促进经济高质量发展过程中需要承担生态责任,即企业在谋求股东利润最大化之外负有保护环境和合理利用资源的义务。企业履行生态责任,有利于树立良好的企业形象,是企业的无形资产和无形财富,通过企业微观参与经济绿色发展、循环发展和低碳发展,能够提升企业在经济发展中的核心竞争力,提高国民经济整体质量。

因此,作为市场主体的企业应履行生态责任。一是树立企业生态文明和绿色发展理念,培育企业生态文化,制定绿色生产、循环生产和低碳生产行动计划,促进企业经济效益、社会效益和生态效益实现共赢;二是严格遵循国家相关法律法规和绿色产业、环保产业标准,创新企业治理体系和治理机制,加大诸如生物能源、太阳能技术、废弃物再生循环利用技术等环保技术、低碳技术的科技投入,主动建立企业自身环境监测和评估体系,增强企业生态责任意识;三是加大企业单位依托生态文明促进经济高质量发展的价值观培育、技术能力培训和制度规范培训,使生态文明的理念、原则和目标真正贯穿到企业每个生产环节和企业每个员工头脑中,将企业生态文明建设目标和责任真正落到实处和细处。

(三)依托生态文明促进经济高质量发展的社会参与和公众责任

让人民群众生活在天蓝、地绿、水净的美好家园,创造宜居宜业的生活空间、工作空间和生态空间,离不开广大人民群众的共同努力和参与。个人、家庭、社区、社群、非政府组织、公益组织等社会主体通过健康、绿色、低碳的生活方式、出行方式、消费方式、生态公益等不同行动参与到依托生态文明促进经济高质量发展各方面和全过程之中,由此形成人人参与生态保护、生态建设、生态监督和生态受益的良好社会氛围。因此,激发社会公众以主人翁意识积极参与依托生态文明促进经济高质量发展各方面和全过程,需要在全社会宣传生态文明核心价值观念,培育社会公众生态文明意识、生态法制意识和生态行为意识,促使社会公众在公共生活和私人生活领域主动践行生态文明意识、法制和履行行为规范。同时,加强社会公众对依托生态文明促进经济高质量发展过程中出现的各种反生态、非文明的行为监督;响应政府号召,拒绝铺张浪费、浮华摆阔等消费行为和消费方式,在全社会逐渐形成适度消费、绿色消费和低碳出行的生活方式和生态人格。

三、依托生态文明促进经济高质量发展的载体路径

依托生态文明促进经济高质量发展,是发生在一定地域空间界面上,并由经济水平、社会基础、人文环境、承载能力、政策环境等诸多要素综合作用和协同演化的过程。倘若缺乏对特定地理空间区位上依托生态文明促进经济高质量发展的载体研究,就发展论而言,便会使经济发展失去依托平台或实践载体,经济发展的质量和效果也会大打折扣。因此,除了重视依托生态文明促进经济高质量发展责任主体,也要明确依托生态文明促进经济高质量发展的载体路径。"生态文明建设"与"经济发展"关联作用的实践中介和协作平台是确定依托生态文明促进经济高质量发展载体路径的基本切入点。实践载体既可以是由国家经济、政治、文化、社会、生态等构成的宏观系统,也可以是特定地理区域空间上由政府、企业、公众、家庭、社区、非政府组织等构成的微观主体。"十三五"时期,我国正处于协同推进工业化、信息化、城镇化、农业现代化、绿色化同步发展和全面建成小康社会的决胜阶段,建设美丽中国和健康中国,就要促进生态文明融入个人成长、企业发展、发展规划、产业结构以及城乡空间等实践载体的各方面和全过程。

依托生态文明促进经济高质量发展各方面和全过程是一个实践命题,在明确实践载体的基础上需要进一步探索依托生态文明促进经济高质量发展的推进路径。依托生态文明促进经济高质量发展的推进路径是指在依托生态文明促进经济高质量发展的战略框架下,能与制度安排、机制设计、实践载体相匹配、相协同的具体实践路径。这就需要把具体实践路径体现到依托生态文明促进经济高质量发展的制度安排、实现机制、载体选择的各方面和全过程中去。从宏观战略层面来看,要在生

态文明理念、原则、目标等融入企业系统、产业系统、园区系统、区域系统和社会系统各方面和全过程中探索具体实践路径；从微观载体来看，要在生态文明理念、原则、目标等融入主体、规划、产业、空间、制度各个方面和全过程中探索具体实践路径，进而形成绿色生命周期、绿色规划、绿色产业、生态空间和绿色制度等多维实践路径。

第五章 生态文明经济发展制度创新
与机制整合

第一节 制度与机制是生态文明
经济建设的核心要件

生态文明融入经济发展,制度是根本,只有从制度的层面加以透析,才能透过现象把握事物的本质,通过科学的制度设计和制度创新,走出在生态环境危机问题上出现的边治理边污染,老问题解决了,新问题又出现了的恶性循环的怪圈。同时,机制是保障,也只有运行高效的整合型机制,才能保证生态文明制度体系的落地实施以及生态文明建设取得成效。一般而言,制度建设包含订立规则(法规)、确定执行和监督主体(体制)、建立不同主体间的互动方式(机制)、选择激励和约束方式(政策)等诸多内容。其中,体制涉及行政组织的静态权力配置结构,主要明确谁去做、谁有权去做等权力与责任的边界,而机制属于主体间的互动方式,重点解决如何做、如何有效做等资源整合问题[1]。

现阶段,中国经济发展面临的资源约束、环境污染和生态退化等问题,不仅是由生态资源和生态产品市场化决定机制不健全的市场失灵造成的,也是由公众生态意识淡薄的社会失灵造成的。在传统经济增长模式下所形成的外延式经济发展体制和运作机制,政府与市场、社会的边界模糊,未形成包含政府主导、市场激励和社会参与的整合型实施机制,相关制度难以落实和落细。因此,需要从制度演化和实现机制双重视角,科学阐释制度创新和机制设计对生态文明融入经济发展的核心要件功能。

---

[1] 隋福民. 新中国成立70年来中国经济发展与理论创新[J]. 新视野,2019(40):1〔-21.

一、制度创新与人类整体社会文明进步的逻辑同一性

(一)制度文明是人类整体社会文明的重要维度

文明是人类实践活动所创造的一切物质文明、精神文明和制度文明的总和,是人类社会独有的本质属性。人类文明形态的演进本质上就是人自身文明程度的进化。从人类社会结构来看,文明包括经济文明、政治文明、文化伦理文明和社会组织文明;从社会生产力角度来看,人类整体社会文明历经了渔猎文明、农业文明、工业文明并开始向生态文明转型。就生态文明融入经济发展的研究而言,人类整体社会文明既是文明形态的演进,又是由多种文明要素构成;既展现出人类社会文明形态已到了从工业文明向生态文明转型的阶段,也表现了生态文明融入经济发展的制度创新与人类整体社会文明的制度文明要素具有逻辑上的同一性。

同时,生态文明融入经济发展并非简单地表现为环境保护、污染防治和生态修复,环境质量改善也并非等同于生态文明水平提高。实际上,生态文明融入经济发展是生态文明系统与经济文明系统"两种文明"的融入,其重心始终是"文明",是人类物质的、精神的和制度的文明的整合与融合。从这个意义上来讲,人类社会的物质文明、精神文明和制度文明是人类生产行为与消费行为交互作用的产物,人类文明产生于人类主体行为并对人类主体行为形成有效地反馈。作为有效调节人类行为规范和维护人类社会秩序的制度规则和制度文明,既是人类文明构成的基本要素,也是生态文明融入经济发展的核心内容。制度是否系统完备、是否成熟定型、是否具有先进性,不仅代表着生态文明制度体系、经济制度体系的文明程度,也表征着生态文明融入经济发展的制度水平高低。因此,生态文明融入经济发展的制度创新,是在中国特色社会主义基本经济制度和生态文明制度体系既有的框架下实现制度文明的演进和更新,包括寻求最优制度和实现制度演化两个方面。制度演化或制度变迁既是制度创新的基本途径,也是实现制度文明的重要方式。寻求最优化制度和不断推进制度创新,始终是人类社会文明演进的重要维度和主体线索,与生态文明融入经济发展的制度创新具有本质逻辑上的一致性。

(二)生态文明融入经济发展的制度创新原则

推进制度创新既要遵循特定的实施原则,又要体现人类特定的价值

选择;不仅要强化正式制度规则层面的法律法规内容,也要考虑非正式制度层面的道德价值要求。

1.公平与责任、惩罚与补偿相结合的原则

自然界对人类而言具有经济价值和生态环境价值,生态环境价值的公共性特征——地球生态系统是所有地球人的生存环境,而不仅仅是某一个国家、地区、集团或个人的生存环境;同样,某一个国家或地区的局部自然环境,也不是这个国家或地区中的某些人的环境,而是这个国家或地区中的所有人的环境。由此可见,在大力推进生态文明建设时要坚持公平与责任相结合的原则,实现经济公平和环境公平、代内公平和代际公平,强调具有公共性特征的生态文明建设的主体责任和义务。同时,坚持公平和责任相结合的原则,要求对损害资源环境的相关行为主体进行惩罚,对保护资源环境的相关行为主体进行补偿和奖励。因此,除了坚持公平与责任相结合原则,也要坚持奖励与惩罚并举的原则。

2.制度推动与制度驱动相结合的原则

制度推动是一种"自上而下"的制度建构模式,是由上级设置制度框架而各地具体实施的制度过程;制度驱动是一种"自下而上"的制度建构模式,是在各地具体实践基础上对实践经验总结提升为制度规范的过程。"自上而下"的制度推动可以减少制度建设阻力,确保国家顶层设计的具体落实;"自下而上"的制度驱动可以有效发挥基层地方政府的主动性和积极性,增强制度创新的实效性和针对性,解决制度落地问题。因此,制度创新要发挥制度推动和制度驱动的各自优势。具体采取何种制度创新方式,应根据生态文明融入经济发展的制度属性及现实需求进行合理选择,如以国家政治权力为基础对相关主体行为进行政治约束的制度创新,就可以通过"自上而下"的制度创新方式加以强力推动;以市场交易为基础对相关主体行为进行经济激励的制度创新,就可以通过"自下而上"的制度建构方式加以渐进驱动;以行政科层治理为基础而又是现实经济社会发展急需的制度创新,就可以通过"上下联动"的制度建构方式稳步推进制度创新。在我国,生态文明融入经济发展的制度创新,应根据基本国情和各地地方实际,以制度推动与制度驱动相结合实现"自上而下""自下而上""上下联动"的制度创新。

3.制度创新与制度衔接相结合的原则

制度创新是基于生态文明融入经济发展的制度"碎片化"、制度"分散化"和制度"部门化"等制度缺陷及"制度红利"难以发挥而进行的。但是,制度创新是手段而非目标,不能为了创新而创新。这就要求在制度创新的过程中,正确处理好制度创新与制度衔接的关系,注重把握制度与制度之间的稳定性和连续性。一方面,厘清生态文明融入经济发展的已有制度框架及现实情况对制度创新的需求,及时新建或修订相关"旧"制度;另一方面,从整体性上把握生态文明融入经济发展的制度创新,重视构成制度的基本要素、"旧"制度与"新"制度之间的关联性和协同性,发挥制度创新的整体效应,避免制度创新产生制度的二次"碎片化""分散化"和"部门化"。

二、机制整合与人类总体行为有序互动的实践统一性

(一)机制整合是人类总体行为互动的实践整合

人类整体社会文明进步是人类总体行为有序互动和交互作用的实践结果。同时,人类总体行为的有序互动和交互作用又是推动人类整体社会文明进步的基本动力。一般来看,人类社会实践活动是建立在人与自然、人与人之间的客观物质交往活动基础之上的,受制于一定社会历史结构,具有内在的发生和运转机制。可以说,人类社会实践过程是人类行为主体社会实践整合及其运转机制整合形成的范畴的具体体现。

整合是指人类总体行为有序互动的实践状态、过程、结构和功能的整体契合。整合机制是指人类社会总体行为在人与对象、人与人之间的物质交往基础上和在一定的社会历史实践结构制约下所发生的人类经济社会文化系统自我有序促动的整合型运转机制。同时,人类社会总体实践又是一种整体类化过程,如市场经济条件下的价值规律对整个社会进行自我调控。机制整合实际上就是实践整合,是一种从主体活动出发的客观的总体化流转,是一种有结构引导的定向总体化过程,同时它也是一种随着历史实践功能度的改变而整体转换的历史性创化力量。因此,以人类总体行为有序互动的整体社会运转机制整合为导向的实践整合,体现了对经济、政治、文化、社会特有的选择功能,并使人与物的客观存在和人与人的活动关系在实践过程中找到最优结合点和均衡点。无数

由人类个体构成的类群体在社会实践过程中表现出一种被实践整合形成的人类主体力量,推动着人类历史主客体互动和社会文明进程。

就生态文明融入经济发展的机制整合而言,一方面,作为人类整体社会,文明构成要素的制度创新和演化需要人类总体行为有序互动和交互作用;另一方面,从整体行为结构上来看,生态文明融入经济发展在不同层面表现出不同的实践形态。具体来说,在经济层面,是以绿色经济、循环经济、低碳经济为实践路径;在政治层面,是以政府追求经济公平、效率和法制兼容为实践要求;在文化层面,是以公众生态型核心价值观和道德观培育为价值基础;在社会层面,是以个人、家庭、社区的主观能动性参与为实践特征。

总之,生态文明融入经济发展在本质上是实践的,它是人类总体行为有序互动和交互作用的实践整合过程,即无数由人类个体构成的类群体在实践整合过程中表现出一种被实践整合形成的人类主体力量。从政府、企业、公众等责任类群体出发,构建包括政府主导型的运行机制、市场激励型的动力机制、社会参与型的推进机制在内的整合型机制框架,形成发挥政府行为、市场行为和公众行为等人类总体行为的有序互动和交互作用的运作机制,保证生态文明融入经济发展的运行。可见,生态文明融入经济发展的机制整合与人类总体行为形成的主体力量有序互动的实践整合具有实践上的一致性。

(二)生态文明融入经济发展的机制整合原则

机制整合要遵循一定的实施原则或体现人类行为的实践整合,不仅要坚持横向的政府、市场和社会主体行为实践机制的互构原则,也要坚持纵向的不同层级、不同环节相结合的原则。

1.横向的政府、市场与社会的互构原则

机制整合是人类总体行为有序互动的实践整合,人类总体行为的实践整合存在于行为主体的交互活动过程中,决定了人类总体行为的发生和运作机制并非机械式的刻板整合。从这个意义上讲,生态文明融入经济发展就要发挥人类总体行为的"交互主体性"作用,突出政府、市场和社会等主体力量间交互作用的机制整合。同时,整合机制本身是多样性的,不同的整合机制是与组织的任务环境和原有组织单元之间的相互依赖的属性有关。组织结构变革成功的可能性是与任务环境、相互依赖的属性以及整合机制三个变量的相互契合为条件的。因此,生态文明融入经济发展机制整合又被视为对基于不同行为主体构成的组织体系进行行为管理和干预的过程,包括对政府、市场与社会主体实施的经济绿色发展、循环发展和低碳发展的整体管理。以绿色经济为例,能否实现绿色发展,关键在于能否实现有效地绿色增长管理。总之,生态文明融入经济发展,实际上是一种以实现对政府、市场、社会等行为主体进行科学引导为目标的经济绿色化发展治理过程。

2.纵向的不同层级、环节相结合的原则

由政府、市场、公众构成的经济行为主体在推进生态文明融入经济发展的实践中,需要对涉及宏观、中观、微观多个层次以及经济社会再生产各环节进行生态文明化的总体管理,既体现纵向不同层级,又关注经济再生产各环节。一方面,在宏观层面上,生态文明理念、原则、目标要深刻融入国家发展规划、国家环境管制制度、区域经济发展规划以及国民经济产业发展等经济建设系统;在中观层面上,生态文明的理念、原则、目标要深刻融入工业农业产业园区、产业集群发展带、城乡社区建设等经济建设活动;在微观层面上,生态文明的理念、原则、目标要深刻融入政府部门、企业主体、公众个体以及中介组织的经济行为实践。另一方面,生态文明的理念、原则、目标要深刻融入经济社会再生产系统各环节和全过程,促进经济生产方式、经济利益分配、资源流通方式和社会消费方式的生态文明化转型。总之,只有将生态文明融入经济发展的纵向不同层级和横向不同环节,推进形成资源节约和环境保护的城乡空间格局、产业结构以及生产方式、生活方式和消费方式,才能为建设美丽中国提供实践机制保障。

第二节 生态文明经济发展的制度创新

一、政府、市场与社会的协同

生态文明融入经济发展的制度创新是由中国特色社会主义整体文明现代化实践创新决定的,以促进人与自然、人与人、人与社会和谐共生、平衡共进以及实现中华民族永续发展为目标。生态文明融入经济发展的制度创新也是由中国历史传统、文化传承、经济基础、社会条件等因素共同作用和内生演化的整体性范畴,是统一于中国特色社会主义道路、理论体系、制度和文化的伟大实践创新。因此,在深刻反思工业文明主导的经济建设的基础上,生态文明融入经济发展的制度创新重点,就在于构建一个主体协同、层次分明、结构合理的制度体系。

　　生态文明融入经济发展的制度创新是以厘清制度结构为前提。从根本上讲,这是由中国历史传统、文化传承、经济基础、社会条件等因素共同作用和内生演化的整体性范畴具有的系统结构性和层次性决定的。"社会整体"是由经济、政治、文化、社会、生态等子系统构成的巨系统。从社会文明整体结构来看,生态文明融入经济发展在中国特色社会主义整体文明现代化中具有牵引功能和基础地位,相应的制度创新也必然是支撑中国特色社会主义整体文明现代化的现实基础。同时,为了应对生态文明建设中在政府推进层面、市场作用层面、公众参与层面遭遇的重重制度陷阱,就需要深度挖掘由政府、市场、公众为参与主体构成的"三位一体"生态文明融入经济发展的制度体系。

　　因此,无论是从制度功能来看,还是从制度结构层次来看,都必须加强生态文明融入经济发展的制度创新;既要将制度创新覆盖到经济领域、政治领域、社会领域、文化领域和生态文明领域,又要发挥政府行为主体、市场行为主体、社会行为主体在制度创新中所扮演的职能角色。由此,生态文明融入经济发展的制度创新主要以政府、市场和社会三个层面为突破口,消除和避免生态文明融入经济发展的制度创新"碎片化"倾向,形成以政府主导的政府治理现代化制度、以市场决定的市场治理现代化制度和以公众参与的社会治理现代化制度,从而构成以政府、市场、社会之间相互衔接、协同配合的"三位一体"生态文明融入经济发展的协同性制度体系模型。

　　生态文明融入经济发展,在本质上就是经济建设系统的绿色化变革,而推动经济建设系统绿色化变革的主体力量就是政府、企业、家庭、社区以及非政府组织等多元化行为主体。这些行为主体的思维观念、行动方式、生活方式在经济活动中是否做到绿色化,是决定生态文明的理念、原则、目标等深刻融入经济发展的决定性因素。因此,政府责任主体、市场微观主体、社会公众主体等共同构成了生态文明融入经济发展的制度创新主体和制度执行主体。

政府治理、市场治理和社会治理的现代化是国家治理现代化的重要构成,这是由政府主体、市场主体、社会主体共同的责任和义务决定的。要发挥政府主体、市场主体和社会主体在推进生态文明融入经济发展的功能和作用,就需要制定和创新规范经济主体行为的制度规则,加强对政府行为、企业行为、公众行为的激励与约束。需要明确的是,政府治理现代化制度是以严格管理的刚性制度为核心,对政府主体、市场主体和公众主体行为具有强制性;市场治理现代化制度是以利益协调为核心,对市场主体行为具有选择性;社会治理现代化制度是以公众道德内化为核心,对社会主体行为具有引导性。从而,我国生态文明融入经济发展的制度创新形成了以严格管理的强制性制度、利益协调的选择性制度和道德内化的引导性制度为内容的制度体系和制度矩阵,为促进经济建设系统绿色化变革提供了制度基础。总体趋势上,生态文明融入经济发展的创新制度,需要向政府强制性和管控性减弱、市场的激励性和选择性增强、社会主动性和自觉性增强的基本方向发展,突出政府主导型制度创新是基础、市场激励型制度创新是主体、社会参与型制度创新是辅助的制度角色和功能。

二、道德内化的引导性制度

环境问题归根结底是发展的问题,是由社会的生产结构、消费结构及其背后的财富理念、发展理念、生产理念、消费理念、行为模式共同导致的社会问题。推进生态文明融入经济发展,不仅需要外在的、强制的法律手段,同时要配合以内在的、自觉的道德手段,也就是说,只有把有关环境的法制建设和道德建设结合起来,才能遏制住我国环境的严重趋势,实施经济、社会和生态的可持续发展战略[1]。

(一)生态文明价值观培育和教育制度

生态文明型发展理念和价值观念是推动和支撑经济发展的精神动力,包括经济发展价值、宗旨、目标、战略、策略,以及对经济发展方式的合理性予以价值评价的一整套关于经济发展价值观和伦理观构成的观

[1]严耕,杨志华. 生态文明的理论与系统建构[M]. 北京:中央编译出版社,2009.

念因素的总和。生态文明型经济发展观主要集中回答三个问题:什么是发展——发展的含义、定位与目标;为什么发展——发展的价值、功能与目的;如何发展——发展的战略、策略和手段。因此,推进生态文明融入经济发展,需要从中央政府到地方政府、从企业到个人、从社区到家庭等经济行为主体全面转变经济发展观念、财富观念、物质观念、生产观念和消费观念,加强生态文明型经济发展观和价值观的理性认知和培育塑造,让生态文明型经济发展观成为经济建设系统的主导和主流意识形态。

政府经济发展思维方式和行为方式是一个国家或地区生产力空间布局、产业布局、企业引进的主导性因素。通过加强政府自身绿色化价值观培育、规范政府经济绿色发展行为,可以形成资源节约和环境友好的生产力空间布局、绿色产业体系、绿色企业发展、绿色产品研发等绿色经济建设基础;将反映生态文明的理念、原则、目标的经济绿色发展观纳入社会主义核心价值体系和融入国民教育体系之中,培育一种具有环境责任感的环境公民或居民,使之能够认识并关注环境及其相关问题,并在个体和群体层次上具备面向解决当前环境问题或预防新问题的知识、技能、态度、动机、承诺。同时,由于我国公众的环境意识还比较低,不同地区、不同群体的环境意识存在明显差异。进一步加强环境宣传教育,提高全民族的环境意识仍是当前一项十分紧迫的任务。因此,有必要把生态文明教育制度升格为国家立法。充分发挥各级学校生态文明道德观念和伦理观念的教育传播功能,以青少年生态环境教育和生态文明教育为重点,实现生态文明型价值观念、知识体系进教材、进课堂、进学校、进企业、进社区、进家庭,促进绿色发展观念成为全社会共识;运用包括影视、广播、报纸、手机、网络等新兴媒体和传播平台加强对生态文明价值观念的宣传;加强对企业法人代表的生态文明价值观培育,引导其形成绿色产品、绿色产业和绿色科技等绿色发展意识。

(二)绿色消费引导制度

消费是经济社会再生产的重要环节,消费者的需要是一切物质和精神需要生产的最终调节者。科学的生活方式和消费方式是生态文明深刻融入经济社会再生产系统的重要体现。马克思主义经济学认为,消费在维持经济社会再生产运转中具有重要作用,一定的消费需求催生新的生产供给。可见,消费在一定条件下可以决定生产,进而引起生产方式和生活方式的转变。现代生活方式的建构是以实现人的全面发展和对资源环境永续利用为价值标尺,是以实现人与自然、人与人、人与社会之间和谐共生为价值目标,是一种绿色生活方式和消费方式的构建。长期以来,尤其是改革开放以来,以经济建设为中心,经济增长、财富增长的物质主义逐渐成为当代中国人的核心价值信念。一方面,政府不断强化和固化了高投入、高消耗、高排放的经济增长模式,忽视了经济增长的可持续性。另一方面,企业也受到绿色、循环、低碳技术创新的条件限制,长期处于产业链条底端,造成企业粗放型投入和低效益产出,同时,社会公众在物质主义和享乐主义的价值观念影响下,过度消费、提前消费以及铺张浪费等情景随处可见。因此,建构适度消费的引导性制度,通过适度消费、合理消费、科学消费的消费理念培育,有效引导各级政府坚持正确自然观、消费观、发展观和行动观,实施绿色采购;引导企业发展绿色产业、生产绿色产品、实施绿色设计、推进绿色技术创新和培育绿色增长点,培育企业生产资源节约意识、资源循环利用意识、绿色投资意识和绿色消费理念;引导社会公众形成与生态文明建设相适应的现代生活方式和消费方式,促进消费结构朝着绿色、循环和低碳转型发展,不断扩大绿色消费的内在需求,形成经济绿色增长和绿色发展的新动力。

(三)企业生态公益制度

企业是市场经济的细胞,在社会主义市场经济发展中扮演着主体角色。在一定程度上,企业可以被视为人格的资本化,作为法人代表的企业家可以看作资本的人格化,显示出企业经济组织的逐利性特征。因此,在中国社会主义市场经济条件下,企业通常把对利润和收益的追求作为单一化目标,在经济建设实践中,企业可以绕开各种市场经济建设规范和环保环评标准,肆无忌惮地向自然界索取。企业生产的环境成本长期被忽略。随着社会经济发展的进步和人们对经济发展的深化认识,企业社会责任逐渐被纳入企业发展的整体框架。企业在创造收益和对股东利益负责的同时,也开始重视对所在社区公众消费者承担相应社会责任,包括环境保护、环境公益、社区公益等。

无论是推进产业园区的生态建设还是推进企业系统的绿色化转型,都要强调园区内企业发展和企业系统内企业发展的生态环境责任意识。

通过强化企业生态环境社会责任感和荣誉感,有助于增强企业生态公益意识和生态公益活动能力。加强对企业家和企业负责人的生态环境知识教育、绿色发展和可持续发展教育,激励企业家具有生态环境慈善之心。同时,借鉴德国、日本等发达国家生产者责任延伸制度经验,建立符合中国特色社会主义市场经济条件的企业生产者责任延伸制度,引导企业在产品设计、产品生产和产品使用整个链条中都充分体现产品的生态公共性。以企业生产责任者延伸制度引导和塑造的企业生态公益意识逐渐内化为企业产品绿色生产自觉意识和自觉行动,不仅推动企业在生产过程中考虑生态环境影响,也使企业自觉实施产品后期回收再利用行动。

第三节　生态文明经济发展的整合机制

生态文明融入经济发展的机制设计,是以明确机制分类和机制构成为前提的。只有明确了机制的类型和结构,才能分析不同类型机制的功能以及不同类型机制之间的协同实施机理,这是促进生态文明融入经济发展的实践保证。

一、生态文明融入经济发展的机制功能与分类

生态文明融入经济发展是一个包括政府、企业、公众、家庭、社区和非政府组织等微观行为主体共同参与的经济运行系统,而运行良好的经济系统又是由政府、市场、社会构成的协同推进机制作为支撑和条件的。同时,中国特色社会主义经济系统又包括宏观、中观、微观层次以及产业、空间、消费、要素等结构。有效的环境公共治理机制,既涉及工业污染、农业污染以及居民生活污染的综合治理,也涉及企业、公民个人之间在污染治理以及环境保护中的受损或者受益,需要政府与利益相关者之间的良性合作互动。

由此可见,政府、企业、公众、中介组织等经济行为主体在促进区域经济、地方经济、产业经济的绿色化转型以及引导资源要素集约节约利用、产品绿色化设计与生产等方面扮演着重要角色。因此,可以把由政

府、市场、社会等构成的经济行为主体,作为推进生态文明融入经济发展实现机制分类依据。政府治理、企业责任和社会参与是推进经济健康运行的有机整体。只有构建以生态文明为导向的政府主导型、市场激励型、社会参与型经济运行整合机制,才能形成政府治理主体、市场责任主体和社会参与主体在推进生态文明融入经济发展实践中的巨大合力。

政府调控型实施机制是以政府主导运行的实现机制类型,包括各级政府在推进生态文明融入经济发展的实践中,对引导目标的设定、组织协调机构的建立、经济生态评价的确定、经济生态风险的防控、城乡生态建设联动等内容。政府调控型实施机制主要有两个功能:一是对严格管理的强制性制度的执行和评估,需要一个行政管制部门机构和监督评估制裁系统,根据管制主体、管制范围和程度的不同,政府主导的调控型实施机制是由法律法制实施机制和行政执行实施机制构成;二是针对经济建设系统中推进生态文明实践的职能部门"分散化"和制度实施"部门化"倾向,这就需要整合职能相近的部门,由一个部门统一管理,实现组织层面的大部门体制;不能做到由一个部门管理的,要明确主次责任,由一个部门牵头,建立良好的跨部门协调机制,实现机制层面的大部门体制,由此形成推进生态文明融入经济发展的政府主导型运行体系。

市场激励型实施机制是以市场机制驱动的实现机制类型,强调在社会主义市场经济体制下正确处理市场与政府边界,发挥市场在资源配置中的决定性作用,更好地发挥政府作用。市场机制是促进生态文明融入经济发展的推进机制,主要表现为价格机制、供求机制和竞争机制,共同引导着自然资源在社会主义市场经济中的优化配置。其中,经济利益驱动是市场机制在自然资源配置中发挥核心决定作用的核心机制,利益是人们能满足自身需要的物质财富和精神财富之和。因此,推进生态文明融入经济发展,发挥市场机制在自然资源和生态产品优化配置中的决定性作用,必须从自然资源所有权与经营权的产权改革入手,为形成自然资源节约型和环境友好型集约节约利用提供市场化配置前提。同时,从深化资源性生态产品的价格改革入手,构建反映资源稀缺程度、生态价值以及供求关系的价格形成机制,通过价格杠杆作用引导,加强对可再生资源产品和不可再生资源产品的价格杠杆作用实现对可再生资源生态产品和不可再生资源生态产品的高效集约利用;从产业结构优化升级入手,通过财政支持、税收减免、资金融通等方式大力发展资源节约型、环境友好型、生态安全型且具有巨大市场潜力和前景的生态产业和环保产业。总而言之,市场激励型实施机制是以市场利益协调和利益兼容方式为核心,是推进生态文明融入经济发展的动力机制。

社会参与型实施机制是由社会机制推进的实现机制类型,强调包括政府、企业、公众、中介组织和社会团体等社会主体,对改善资源约束、环境污染和生态退化的现实迫切需求,这种生态需求既有社会组织的集体需求,也有社会公众的个体需求。随着社会主体对生活质量和对环境质量的要求提高,社会公众的个体需求和社会组织的集体需求逐渐转化为自觉行动。作为公众利益代表的政府组织,就有责任和义务倡导经济绿色化发展、引导社会主体践行低碳生活和绿色消费,树立政府绿色发展形象,提高政府绿色治理能力。作为市场经济组织的企业,在获得经济利益的同时也要承担相应的资源环境代价,通过创新绿色生产技术,参与经济绿色发展、循环发展和低碳发展,满足公众对生态产品和环保产品的公共需求。社会公众是成长于一定社会关系中的鲜活生命个体,对能呼吸到新鲜的空气、喝到洁净的水、食到卫生的果蔬有着共同诉求,自然也会从自然生活方式出发,积极地参与到资源节约型、环境友好型、生态安全型的经济建设中来。最终,从社会层面上形成了包括政府公共引导、企业生态责任、公众生态诉求和中介组织环保倡议共同组成的社会参与型推进机制。

二、政府、市场与社会的衔接

生态文明融入经济发展是以绿色经济、循环经济和低碳经济为主导的新型经济形态和发展模式,是包含了政治、经济、技术、文化、生态、社会等因素的复杂系统。按照系统论一般原理,任何复杂系统的高效运行,都要以结构合理、协同配合的实践机制为基础条件。因此,推进复杂系统、促进经济绿色化转型,不仅要在认知层面给予发展理念和规划的支持,还要在实践层面形成运行机制、动力机制和推进机制给予技术方法支撑,才能实现生态文明的理念、原则、目标等深刻融入政府的经济行为、行政决策过程及企业、产业、园区、社区、区域、城乡建设等各方面和全过程。所以,这就需要整合各方参与力量、协调各行为主体关系,在一定法律、法规和制度框架下形成结构合理、功能互补、有机团结的整合型机制。

生态文明融入经济发展的机制设计需要清晰机制构成,才能把生态文明的理念、原则、目标内化为经济实践行动。经济机制是指经济系统运行过程中经济活动各相关主体、规划、产业、空间、制度等各相关要素相互联系、相互作用的方式及其促进经济系统高效运转的过程。具体来讲,经济机制类型划分是由经济运行系统不同要素和要件在其组合方式中占主导力量的经济主体属性决定的,即经济运行系统到底是政府主体主导运行、市场主体主导运行还是社会主体主导运行,是由参与经济建设的经济主体属性和地位决定的。生态文明融入经济发展的实现机制组合方式,也是由经济运行系统中不同层次的经济主体属性和地位决定的。只有经济运行系统中行为主体按照一定方式、结构和规律优化结合起来,才能发挥出实践机制在推进生态文明融入经济发展过程中的整体效应和功能①。

随着中国特色社会主义整体文明现代化建设的不断推进,生态文明建设被纳入社会主义事业"五位一体"总体布局,既体现党和国家对社会主义现代化建设规律的深化认识,也反映了党和国家对社会主义国家现代化内涵和路径的拓展。这为推进社会主义生态文明深刻融入经济发展明确了基本方向,国家主导型经济绿色治理成为促进和实现社会主义经济绿色化转型的基本维度。由于市场经济是以获取经济利益为动力的经济运行体制,生态文明融入经济发展就要在国家主导和国家治理的基本框架下,以市场利益、经济激励为动力机制,运用价格机制、供求机制、竞争机制等驱动形成资源节约和环境保护的产业结构、空间格局、生产方式、生活方式和消费方式,实现经济绿色化的市场治理方式成为生态文明融入经济发展的主体维度。经济建设活动是由社会主体共同参与,经济发展的成果也应由社会主体共同分享,这决定了中国特色社会主义国家治理和市场治理框架下社会主体在推进生态文明融入经济发展过程中扮演着重要角色。因而,生态文明融入经济发展的实践机制应是由政府主导型政府治理运行机制、市场激励型市场治理动力机制和社

---

①杨露萍,乔鹏程.论可持续性理论下生态文明与高原经济的高质量发展[J].西藏发展论坛,2019(04):34-40.

会参与型社会治理推进机制构成的有机整体,形成基于"政府—市场—社会"机制分类基础上的整合型实施机制模型。

在中国特色社会主义市场经济框架下,生态文明融入经济发展的实践机制是内化于国家治理现代化目标之下的政府主导型运行机制、市场激励型动力机制和社会参与型推进机制"三位一体"协同整合机制,其中,政府主导型运行机制是基本机制和充分要件,为市场激励型动力机制和社会参与型推进机制确定市场和社会边界,提供引导性和规范性制度和政策条件;市场激励型动力机制是遵循市场经济规律的必然要求,是强化社会主义市场经济系统的动力机制和主体机制,为资源节约、环境友好、生态安全形成利益驱动和利益导向;社会参与型推进机制是以政府主导为方向引导、以市场激励为利益引导,是"政府—市场—社会"整合型实施机制的辅助机制,三者共同构成我国生态文明融入经济发展的整合型实施机制矩阵。

由政府主导型的运行机制、市场激励型的动力机制和社会参与型的推进机制构成的整合型实施机制,纵贯经济建设系统的生产、交换、分配、消费等社会再生产各环节以及政府主体决策与执行、社会主体行为选择等各方面。对于不同主体、不同层次、不同产业、不同区域的生态文明融入经济发展而言,还应在一般性整合型实施机制框架下,构建适应不同主体、层次、产业、区域的具体实践机制,如基于不同经济发展程度的区域实践机制、基于不同产业部门的产业实践机制、基于不同产业园区和产业集聚程度的实践机制以及基于不同社会参与主体的实践机制。同时,生态文明融入经济发展的整合型实施机制具有结构性、动态性和适应性特征,能随着经济社会发展不断进行自我更新、调整和完善,吸收新的结构性要素以适应新的经济社会动态变化。总之,推进生态文明融入经济发展是一场涉及价值观、生产方式、生活方式及发展模式的全方位变革的复杂系统工程,也是全社会共同推进、共同参与、共同享有的事业,需要最大限度地凝聚中国力量,形成政府主导、企业主体、多方参与、全民行动的推进格局和实践机制,各尽其责、各尽其能、各尽其力,才能建构起中国经济绿色发展、循环发展、低碳发展的美丽前景。

第六章 生态文明融入经济建设的路径

第一节 生态文明融入经济建设的载体选择

一、生态文明融入经济建设的载体特性

生态文明融入经济建设是一个复杂的系统工程,包括经济、政治、文化和社会的整体发展水平,贯穿微观、中观和宏观层次,涉及多个主体,如政府、企业、公众和非政府组织,并通过多个链接实现生产、分配、流通和消费多个环节的运行。这就决定了生态文明融入经济建设的实践载体和平台具有多种复杂的特点。

(一)层次差异性

从经济建设层面上看,既涉及国家宏观战略层面,也包括省、市、县、镇等地方的中微观层面。立足于经济建设过程中存在的差异,不同层次、不同区域的生态文明要求、目标和路径也存在着层次和区域方面的差异。因此,科学区分实践载体的层次差异,针对不同层面、不同区域、不同主体、不同环节、不同要素提出有针对性的整合原则、要求和思路,是推动生态文明融入经济建设的前提。

(二)复杂综合性

纵观经济建设的各个方面和整个过程,其覆盖的层面、跨越的层次、涉及的主体、贯串的环节和包含的要素复杂多样,不同的要素之间联系非常紧密,正是基于这一点才导致了生态文明融入经济建设的实践载体的复杂综合特性。单纯地从经济发展的宏观、中观、微观层面;生产、流通、交换、消费环节;政府、市场、公众个体或资源要素利用等方面来谈经济的绿色发展,而完全不顾及经济实践载体的复杂综合性,不考虑经济建设各层面、各层次、各主体、各环节、各要素之间的紧密联系,则无法形

成真正的资源节约型、环境友好型和生态安全型的空间格局、产业结构、生产方式以及生活方式。

(三)时空演化性

经济建设的时空差异决定了经济建设的重点。难点和重点是不同的,从而导致了生态文明引导下的经济建设的实践载体也具有时空演化的特征。把握时空的动态演变,是推进生态文明与经济建设相结合的重要环节。

中华人民共和国成立初期,为了尽快恢复国民经济,打破国际封锁,建立完整的工业体系,实施了以发展重化工业为核心的经济战略,在此基础上,提出了"植树造林,绿化祖国"的发展理念;当前,由于工业化、信息化、城镇化和农业现代化的密集实践,资源约束紧迫、环境污染严重、生态系统退化等问题日趋严峻。以工业、空间、技术为实践载体的绿色发展有必要逐渐提上日程。

二、基于复杂特性的载体分类

生态文明融入经济建设的实践载体的科学分类必须根据实践载体本身具有的层次差异性、复杂综合性和时空演化性特征,可分为基于尺度综合的实践载体和基于区域综合的实践载体两类[①]。

(一)基于尺度综合的载体分类

生态文明融入经济建设的实践载体必须生发于美丽中国建设和中华民族伟大复兴的战略本质,根据经济建设的实际需要,这里面肯定包括国家层面的建设,也有地方层面的建设,所依据的当然都是基于生态文明的发展理念、原则和具体标准。除了宏观层面,在中观层面上,生态文明融入经济建设的出发点还有产业集群和城乡社区,相比于微观层面基于企业或社会公众的发展,中观层面更具有说服性。

(二)基于区域综合的载体分类

经济发展必然需要以一定的空间区域为载体,生态文明融入经济建设的过程同样如此,脱离具体的空间区域,经济建设只能是空中楼阁。以往我国采取的经济发展模式依托严格的行政区划,在一定程度上保证

①翟坤周,邓建华. 生态文明融入经济建设的本质意涵及绿色化路径[J]. 湖南行政学院学报,2015(05):90-96.

了经济产业的发展基础,但是随着产业分工合作、经济集聚效应和资源要素流动性的增强,原有的发展模式已不足以满足新的发展需求,打破原来严格的经济建设区域格局已成必然。在这样一种环境下,生态文明融入经济建设的新的载体必然是依托于各区域的资源、环境、生态承载力优势,借助主体功能区制度形成的各种功能区、产业园、城市群、行政区、经济带等空间综合体。

在具体的实践中,基于尺度综合与区域综合的载体分类并不是孤立存在的,二者之间也并不存在严格的界限划分,导致具体的实践情况更为复杂。

三、基于载体分类的路径选择

基于尺度综合和区域综合的分类载体构成了生态文明融入经济建设的基础,是生态文明理念、原则、目标融入经济建设系统的切入点和着力点。一方面,可以直接通过尺度综合和区域综合相结合的载体分类来优化生态文明融入经济建设的基本路径;另一方面,基本路径来自各级地方的具体实践创新,又可以通过分析各级地方推进以生态文明为导向的经济发展的内容和方法,反向确定具有全国普遍性意义的基本路径。

(一)规划推进路径

政府层面对于经济建设的各种预期指标和约束性的规范都是通过规范的形式体现的,目的是为了保证经济建设的平稳运行。以"多规合一"为载体的规划推进路径是生态文明融入经济建设的先导和基础。生态文明融入经济建设是理念、制度和行动的综合,且具有宏观、中观和微观的层次性,不仅需要地方性实践和底层规划,也需要做好顶层设计,以科学规划重塑基于生态文明建设的经济发展新格局。因此,以生态文明为导向的经济发展同样需要以顶层战略规划为先导,如在国家层面制定了《推进生态文明建设规划纲要(2014—2020年)》《全国主体功能区规划——构建高效、协调、可持续的国土空间开发格局》和《国家新型城镇化发展规划(2014—2020年)》等,各级地方政府依据国家宏观规划,结合自身实际情况,整合现有的土地利用规划、城市建设规划、乡村建设规划,制定蕴含和体现以人为本、产业支撑、布局优化、生态文明、文化传承、经济社会协同、相互衔接的"多规合一"绿色规划,以"一张蓝图干到底"的规划精神重塑地方经济空间布局和产业结构。近年来,随着主体功能区规划上升为统领全国国土空间优化布局的根本性约束制度后,国家层面和地方层面的规划实践已成为生态文明融入经济建设的基本路径之一。

(二)产业推进路径

产业既是国民经济和社会发展的基本支撑,也是以生态文明为导向的经济发展的重要载体。当前,我国正处于由农业社会向工业社会转型、由城乡分割向城乡一体发展的新阶段,以生态文明为导向的经济发展,仍需理性审视由农业文明、工业文明和生态文明支撑的三次产业结构优化升级,重视三次产业的绿色变革。以农业、林业、养殖业、渔业等构成的"大农业"本身就属于绿色产业,是含有农耕文明和生态文明的基础性、战略性的经济部门,是关乎国家发展、巩固农业基础地位和保障国家粮食安全的战略产业。工业是国民经济的主导,工业现代化需要构建绿色化的工业产业体系,必须把生态文明的思想、理念、技术融入工业文明中,提高国民经济发展的生态文明含量。随着我国三次产业的融合增强,必须以生态文明为导向,摆脱传统产业粗放型线性发展路径,促进经济建设发展向更高层级演进。因此,必须把生态文明的理念、原则、目标贯穿三次产业的各环节、各方面和产业结构升级的全过程,走生产发展、生活富裕、生态安全的经济发展道路。

(三)空间推进路径

国土既是经济建设发展的空间载体,也是推进生态文明建设的空间载体。长期以来,我国经济建设发展多是注重产业结构调整,而没有注意到空间结构调整的重要性,不注重国土空间的功能定位和布局优化。国土作为国民经济和社会发展规划的空间承载,空间布局对各级地方政府规划的制定、生产力和产业的布局均具有传导影响作用。要按照促进生产空间集约高效、生活空间宜居适度、生态空间山清水秀的总体要求,结合化解产能过剩、环境整治、存量土地再开发,形成生产、生活、生态空间的合理结构。无论是行政区、功能区,还是经济带、城市群、产业园,都是以国土为空间承载,并在国土空间优化的基础上进一步考虑产业结构布局、生产力布局、主体功能布局以及新型城镇化、农业现代化、生态安全建设格局。

第二节 规划推进路径——以功能区规划为例

一、主体功能区的内涵

主体功能区是根据区域发展基础、资源环境承载能力以及在不同层次区域中的战略地位,对区域发展理念、方向和模式加以确定的类型区,包括优化开发、重点开发、限制开发和禁止开发四类,目的是突出区域发展的总体要求。主体功能区是超越一般功能和特殊功能基础之上的功能定位,但又不排斥一般功能和特殊功能的存在和发挥。主体功能区可以依据不同的空间尺度进行划分,既可以有以市、县为基本单元的主体功能区,也可以有以乡、镇为基本单元的主体功能区,主要还是取决于空间管理的要求和能力。主体功能区的类型、边界和范围在较长时期内应保持稳定,但可以随着区域发展基础、资源环境承载能力以及在不同层次区域中的战略地位等因素发生变化而调整。主体功能区中的优化开发、重点开发、限制开发和禁止开发的"开发"主要是指大规模工业化和城镇化人类活动。优化开发是指在加快经济社会发展的同时,更加注重经济增长的方式、质量和效益,实现又好又快的发展。重点开发并不是指所有方面都要重点开发,而是指重点开发那些维护区域主体功能的开发活动。限制开发是指为了维护区域生态功能而进行的保护性开发,对开发的内容、方式和强度进行约束。禁止开发也不是指禁止所有的开发活动,而是指禁止那些与区域主体功能定位不符合的开发活动[①]。

二、功能区规划与生态文明建设协同耦合

从主体功能区的构想、提出、实施及其功能演变来看,既体现出了国家运用主体功能区规划对国土空间进行管控的方法论意义,也突显出了主体功能区规划自身具有的生态经济学意蕴。"十三五"时期,随着中国经济向纵深发展和公众生态文明诉求增强,国家在制定国民经济与社会发展规划时将生态文明的理念、原则、目标等内化为经济发展规划的构

---

①黄征学,潘彪.主体功能区规划实施进展、问题及建议[J].中国国土资源经济,2020,33(04):4-9.

成要件。从根本上讲,在中国特色社会主义现代化建设遭遇生态环境危机的空间制约时,无法依靠产业链条和国际分工转嫁生态负担,只能通过优化自身的空间合理布局来拓展生态空间。主体功能区规划将生态文明建设融贯于经济建设中,集中反映出了经济发展的生态文明程度,体现出了生态文明与主体功能区规划的协同耦合。

(一)科学规划的复合生态系统与综合集成效应

作为涉及经济、社会、自然的科学规划,是一项复杂的系统工程,是科学开发的第一要素。没有科学规划,国土开发就失去方向;没有科学规划,经济建设就没有依据。在工业文明主导的工业化和城镇化进程中,经济社会发展规划通常是唯经济中心论,相关发展规划的制定、实施和更新很难把人与自然、人与人和人与社会看成一个有机整体,更缺乏从经济、社会、自然的复合生态系统维度加以综合审视,在经济建设实践中忽视社会建设和自然建设,忽略自然生态效应,导致唯经济中心论导向下制定和实施的发展规划存在目标单一化和功能分散化缺陷。因此,在中国经济发展进入提档增速、结构调整、动力转换的新常态阶段,经济发展科学规划的制定和实施亟须改变过去只注重经济发展速度、忽视资源节约和生态保护的状况。将生态文明融入经济建设,必须强调科学规划的复合生态系统构成与综合集成效应,将科学规划置于由复合生态系统共同决定的绿色发展、资源节约、环境友好、生态安全的综合目标功能框架下,发挥科学规划引导经济发展的经济效应、社会效应和生态效应。

(二)作为规划实践的主体功能区与生态文明建设协同耦合

主体功能区规划是具有中国特色的空间规划,是我国实施国土空间规划与空间开发的主体工具。空间规划是根据国民经济和社会发展的总体目标要求,按规定程序制定的涉及国土空间合理布局和开发利用方向的战略、规划或政策,规划内容包括资源综合利用、生产力总体布局、国土综合整治、环境综合保护等,规划的目的是优化空间开发格局、规范空间开发秩序、提升空间开发效率、实施空间开发管制。优化国土空间格局作为生态文明建设的首要任务,决定了生态文明融入经济建设实践也必须将优化国土空间格局作为首要任务,突出空间区域上的资源综合利用、生产力布局、国土综合整治和环境综合保护,规范经济地理区域空间开发格局、开发秩序、开发效率和开发管制方式。

三、生态文明融入功能区规划的过程

根据《全国主体功能区规划—构建高效、协调、可持续的国土空间开发格局》的要求,全国主体功能区占全国国土空间面积的1/3,省级主体功能区占全国国土空间面积的2/3。只有省级层面和国家层面协同配合,才能实现主体功能区规划的全覆盖。因此,需要从国家和地方两个层次来推进生态文明融入主体功能区规划实践的各方面和全过程,以促进经济发展。从国家宏观层来看,生态文明建设与主体功能区规划实践在生态文明的理念、原则、目标等方面存在高度一致性和耦合协同性,不同区域的主体功能规划实践都要相应体现生态文明的理念、原则、目标等要求。从各级地方的中观和微观层来看,省域、市域、县域等都要结合上一级主体功能区规划制订适宜本区域经济社会发展与生态文明建设的主体功能区规划。由此可见,要推进生态文明深刻融入和全面贯穿于中国经济社会可持续发展的主体功能区规划实践,就必须制定生态文明融入全国和各级地方主体功能区规划的技术规程、操作路径和实施过程。

生态文明融入主体功能区规划实践是一个自上而下和自下而上有机结合、聚类分析与主要因素交互结合以及定性分析与定量分析协同进行的过程。第一,以聚类分析法为依据,自下而上确定生态文明融入主体功能区规划的总体指标体系以及反映资源要素状况、产业结构、空间布局和生态环境的各单项指标;第二,从全国和地方两个层次,运用判别评价法、组合分层法等定性评价方法和空间平衡模型、中心外围模型等定量分析方法对国家或地方区域进行主体功能定位和适应性评价,获悉全国主体功能区分布地理位置;第三,对已经确定的主体功能区分布位置再次运用聚类分析和主导因素法对开发类区域、限制类区域、禁止类区域进行有效检验,并借助外围辅助决策因素,最终确定各类主体功能区边界;第四,根据确定的主体功能区边界,对主体功能区域内的工业化和城镇化指标、粮食主产区和农业主产区粮食安全指数、生态功能区生态安全指数和国家与地方财政能力进行测算,确定各类主体功能区人口集聚水平、资源要素水平、产业结构分布和空间结构布局等状况,以此明确

不同主体功能区内经济建设和生态文明建设重点;第五,生态文明融入主体功能区的目标在于推进生态文明与主体功能区协同发展,实现产品、技术和资本等要素协同,促进特色产业、支柱产业和产业链条结构协同,优化空间、分工和地域等布局协同,最终达到经济效益、社会效益和生态效益的综合集成;第六,生态文明融入主体功能区规划还要将各级主体功能区的实践集成效果反馈到初始阶段确定的总体指标和单项指标,对未能全面体现生态文明的理念、原则、目标的指标进行及时修正,以确保主体功能区规划实践在经济发展中发挥最佳功能。

第三节　产业推进路径——以农业现代化为例

一、农业现代化的内涵及主要特征

(一)农业现代化的基本内涵

农业现代化指的是从传统农业向现代农业转化的过程和手段。利用现代化发展理念、科学技术和经营管理方法,将农业发展与生态文明结合起来,使农业的发展由落后的传统农业向具有世界先进生产力水平的生态农业转变。

1954年,我国基本确立了"四个现代化"的任务,把农业现代化概括为机械化、电气化、化学化和水利化。到了20世纪80年代初期,农业现代化有了新的内涵,即用现代农业的科学技术和科学管理方法来取代传统农业的生产和管理方式,主要集中在投入的现代要素上,如使用化学肥料、农业机械等。当时国家一度认为农业现代化水平体现在农业化化、机械化的水平上。20世纪90年代开始建立社会主义的市场经济体制,农业也同样得到高速发展,农村经济增长迅猛,商品经济空前活跃,大量农村剩余劳动力向城乡二三产业转移,这些都让人们加深了对农业现代化的认识。而且政府对农民的生活更加关注,国家对生态环境方面也提高了保护意识。

进入21世纪,中国加入WTO以后,中国农业受国际影响越来越大,2007年的中央一号文件全面阐释了我国在新时期的农业现代化内涵,

2008年在党的十七届三中全会上就农业现代化进一步提出了"两个转变"的思想。2010年党在十七届五中全会上提出要深刻把握和认识当前中国经济社会的发展状况,基于新形势下的工农城乡关系基础,提出了"三化同步"的思想,而后对"三化同步"认识进行延伸,提出了"四化同步"思想,对农业现代化内涵做出了全新的解释。

(二)农业现代化的主要特征

中国特色农业现代化的发展,既要借鉴国外发达国家的先进经验,又要充分考虑中国的现实国情,从中国的实际情况出发。从当前中国农业发展水平和层次来分析,中国的农业现代化主要特征有以下几点。

1.生产过程机械化

运用先进机械设备代替传统的人力劳动,从播种到灌溉、施肥、收割等各个环节中,利用农业大型工具对作物进行大面积机械化作业,从而减少农民的体力劳动支出,提高劳动效率。机械化不等同于现代化,但它在农业现代化的发展进程中起到了举足轻重的作用。

2.生产技术科学化

先进的科学技术可以提高生产效率以及产品质量、降低生产成本。在农业的生产加工过程中,不断地注入先进科学技术,完善农村的基础设施建设、完善农业应用性高科技设施,不断研发和创新,让农产品增产更多地依赖科技。科技创新将在对传统农业的改造过程中,发挥至关重要的作用。

3.增长方式集约化

就现代农业来说传统农业是落后的,相对于集约经营粗放经营也是落后的。农业增长方式由粗放经营向集约经营转变是传统农业向现代农业转变的基本条件。用现代的精耕细作方式来代替传统的粗耕简作,从而降低劳动成本,提高生产效率,增加产品效益,增加农民收入。

4.农业经营规模化

农业经营规模化成为农业现代化的一个重要标志。农业规模经营由土地、劳动力、资本、管理四大要素的配置进行,主要目的是扩大生产规模,降低每个产品的平均成本,增加收益,从而获得更高的经济效益和社会效益。

5.劳动者智能化

从事农业生产的劳动力逐渐从过去的单纯依靠体力劳动向掌握先进科技知识和技能转变,在体质和智力方面的水平不断得到提高。劳动者在生产过程中是最基础最根本的要素,他们素质的提高对农业增产增效起着不可忽视的作用。

6.农业发展可持续化

现代化农业十分看重生态环境的可持续发展,要求人类在改造自然的同时,还要提高保护自然的意识,爱护生态环境,节约并保护自然资源,实现人与自然的长期和谐相处。中国在推进农业现代化过程中,不能走一些发达国家"先污染、后治理"的老路,应该从一开始就把农业可持续发展作为推进农业现代化的基本准则。

二、生态文明与农业生态化模式的内在关联性

模式与理念的关系实质上反映的是实践与理论的互动与支持,先进的理念催生着新的模式,而新的模式又是先进理念不断发展和完善的重要推手。生态文明建设有赖于其实践基础——农业生态化,而实现真正的农业生态化又需要生态文明的理论支撑①。

(一)生态农业——文明转型的催化剂

任何一种经济形态的发展都要消耗一定的资源,生态农业的崛起标志着作为社会发展所依赖前提的资源发生了一次历史性变迁,这种变迁为缓解人与自然的矛盾、维系和改善生态环境提供了机遇。确立新资源观,不仅是发展生态农业的重要内容,而且是实现生态可持续发展的基本前提。现代农业时代,以知识为主体的"软资源"成为推动农业经济发展的主导因素,因为它具有自然资源无法比拟的特征,如非消耗性、非稀缺性和非竞争性。所谓非消耗性,指与只能一次性使用的自然资源所不同的是,知识可以无损使用。在传统农业向生态农业转型过程中,关键是稀缺的自然资源如何支持从依赖稀缺资源的传统农业可持续地发展到现代农业。

实际上,自然资源的有限性与无限性是辩证的,自然资源的多与少、

①牛钰涵,隆滟.城镇化与农业现代化协调发展程度研究[J].中国集体经济,2020(1匚):3-4.

优与劣及利用的层次性,都是相对于人类的认识和利用水平而言的。生态农业对自然资源的理性利用,可以使其显示出相对的无限性和可持续发展性。为了使有限的资源和环境得到持续利用,现代生态农业产生的指导思想就是在对人类行为和技术反思之后,通过综合运用人类智慧,科学、合理地开发现有的和尚未开发利用的自然资源。如生命科学中的基因工程和酶工程技术将为人类揭示生命的奥秘以及合理利用可更新的生物资源展示出广阔的前景;海洋科学技术是以综合高效开发各种海洋资源为目的的高新技术,它为生态文明建设开拓了广阔的空间,因为海洋是生命的摇篮、资源的宝库、人类的未来;环境科学技术是指减少环境污染和保持生态平衡的各项技术的总称,如通过信息技术的使用而减少人与人之间、人与物之间交往带来的交通工具的污染,用生物工程培育的优良品种可减少化肥和农药的用量,污染控制、清洁生产和废弃物的生物处理技术可最大限度地减少污染物的产生。因此,生态农业能有效解决资源短缺和环境污染问题,为生态可持续发展奠定了前提和基础。

(二)生态文明——经济转变的理论基石

生态文明是一种正在形成和发展的文明范式,是人类对传统工业文明进行理性反思的产物。目前人类文明正处在由工业文明向生态文明过渡的转型之中。由于不同的文明形态有着不同的生产方式和生活方式,因此,每一种社会形态的碳经济和碳排放都有着显著区别。

纵观人类社会演变史,在漫长的农业社会里,人类社会的生产力水平有了一定的提高,土地成了经济发展的稀缺资源,土地取代劳动力成为农业文明时代的主导发展因素。但处于生态食物链高端的人类,一方面从绿色植物获取碳水化合物中的植物蛋白等糖类化合物,从食草动物中获取动物蛋白,以维持生命所需的物质和能量;另一方面从碳水化合物中的纤维素获得生物质能,如木材和干草为人类提供了供热取暖的生物能源。在工业社会,化石燃料基础上的高碳经济工业文明重组了人类的能源结构,实现了从木材向化石燃料的转型。这一历史性变革极大扩展了人类经济活动的广度和深度,同时也彻底改造了地球的原始大气。工业社会极大地推动了生产力的快速发展,生产方式和生活方式都发生了根本性的变化。而在工业文明指导下的现代农业也演变成高碳农业,支撑现代农业发展的化肥和农药都是以化石能源为基础的。从而造成了化石能源的使用规模和速度与二氧化碳排放量呈线性增长趋势,影响着地球自然生态系统的内在平衡性,是目前人类社会环境污染和资源枯竭的主要因素,直接威胁到人类的生存和发展,是一种不可持续的社会发展形态。以生态文明理念为指导的未来社会是一种将温室气体排放有效控制到尽可能低的一种经济发展方式。它不仅从理论上为生态经济提供了目标引导,而且在实践中也支撑着农业生态化的快速发展。

三、生态文明型农业现代化建设路径

(一)更新发展理念,转变农业发展方式

创新发展思路,按照"一减、两控、三基本"的要求,发展生态友好型农业,走生态文明型的农业现代化之路。一是由生产功能向兼顾生态社会协调发展转变,既注重在数量上满足供应,又注重在质量上保障安全;既注重生产效益提高,又注重生态环境建设。二是由单向式资源利用向循环型转变,通过推动以产业链延伸为主线的循环农业发展,由"资源—产品—废弃物"的单程式线性增长模式向"资源—产品—再生资源"的循环综合模式转变。三是由粗放高耗能型向节约高效型技术体系转变,依靠科技创新,推广促进资源循环利用和生态环境保护的农业技术,提高农民采用节水、节肥、节药、减人等节约型技术的积极性,提高农业产业化技术水平,实现由单一注重产量增长的农业技术体系向注重农业资源循环利用与能量高效转换的循环型农业技术体系转变。

(二)调整农业产业结构,优化农业空间布局

立足于我国农业生产条件、发展水平和资源环境问题的地域空间特征,按照生态文明型农业现代化建设的新内涵,坚持实施"粮食安全导向型"布局调整工程和"生态文明适应型"布局优化工程,全面推动我国农业生产力空间格局优化,推进生态型农业现代化进程。

1.实施"粮食安全导向型"布局调整工程

按照地区资源禀赋,充分发挥南方水热资源丰富的优势,稳定南方耕地数量,提高粮食生产效益,逐步恢复和提高南方地区粮食产量。不断优化粮食品种结构,在稳定南方籼稻的基础上,不断扩大粳稻种植面积,支持东北地区"旱改稻"、在江淮适宜区实行"籼改粳";在小麦优势主产区,大力发展优质专用小麦;适时扩大玉米生产面积,主攻玉米单产和大

面积高产,强化饲料用粮的保障;稳定东北大豆优势产区,发展黄淮海大豆产区,扩种南方间套种大豆,逐步恢复和提高大豆种植面积和产量。大力发展以劳动节约为代表的资源节约型粮食生产技术,主产区率先实现粮食生产全程机械化,实现机械对劳动的部分替代,降低粮食生产的用工成本,突破粮食主产区日益突出的劳动力约束,提高粮食生产的比较效益。

2.实施"生态文明适应型"布局优化工程

(1)实施"水稻南恢北稳"战略

东北地区井灌区水稻种植面积应逐步收缩,重点提升江河湖灌区水稻集约化水平;西北地区应大幅度减少水稻种植,未来重点建设长江中下游、西南水稻优势产区,恢复水热资源匹配度较高的华南区水稻种植。

(2)实施"玉米北扩南控"战略

针对西南地区多在坡耕地种植玉米,对农业生态造成严重破坏的局面,应采取适当对策,压缩该区的玉米种植,转向生态林业、多功能农业发展。应巩固东北地区春玉米区和黄淮海地区夏玉米区的优势地位,积极挖掘内蒙古及长城沿线区和黄土高原区玉米生产潜力,稳定增加专用玉米播种面积,着力提高玉米单产水平。

(3)实施"小麦北稳中缩"战略

建议缩减长江中下游区、西南区、黄淮海区南部的小麦种植,稳定黄淮海北部、甘新区和东北地区小麦种植面积,大力发展优质专用品种,加快推广测土配方施肥、少(免)耕栽培、机械化生产等先进实用技术,推行标准化生产和管理。

(4)实施"蔬菜区域均衡"战略

调减黄淮海区设施蔬菜种植面积和强度,降低面源污染强度;缩减华南区南菜北运面积和规模;巩固西南区冬春蔬菜基地、黄土高原区、甘新区夏秋蔬菜基地,推进标准化、设施化生产,保障蔬菜供应总量、季节、区域和品种均衡。

(5)实施"养殖西移北进"战略

在东北、黄淮海、长江中下游区、内蒙古及长城沿线区、西南区建设生猪重点生产区;加强东北、甘新、内蒙古自治区及长城沿线地区肉牛产区建设;加强内蒙古自治区及长城沿线区、甘新区、黄土高原区农牧交错带、西南地区肉羊优势区建设;重点建设东北产区、内蒙古及长城沿线产区、黄淮海产区、甘新产区奶牛基地,加强奶源基地建设;巩固黄淮海区、东北区、西南区、长江中下游区等主产区禽蛋的生产,重点发展高产、高效蛋鸡和蛋鸭。

(三)大力发展生态友好型农业,建设生态文明型农业现代化

转变农业发展方式,发展生态友好型农业。第一,统筹推进现代农业协调发展,在优化产业内部生态循环的基础上,做好产业间资源要素的耦合利用,协调区域内综合发展与生态保护,重点以家庭农场、种养大户、农民合作社等新型农业经营主体为对象,构建不同区域、不同产业特色的现代生态农业技术体系和服务模式。第二,加强现代农业规范化建设,构建产地环境、生产过程、产品质量等全过程的规范化生产体系。鼓励农业龙头企业等经营主体开展统一服务,推广规范化生产技术。加强土壤环境管理和农业生产过程控制,科学合理使用农业投入品,严格监管化肥、农药、饲料、兽药、添加剂等生产、经营和使用,规范农业生产、农业投入品使用、病虫害防治等记录,保证农产品质量安全和可追溯。第三,强化现代农业社会化服务体系建设,以促进区域内现代农业协调发展为目标,强化社会化服务工作。重点推进农业废弃物置换服务、可再生能源物业服务、病虫草害统防统治、农业机械化作业等市场化、社会化服务体系建设,推进农业向区域化、标准化、现代化方向转型升级,构建以政府为导向、企业为主体、市场起决定作用的现代农业资源优化配置模式,走经济高效、产品安全、资源节约、环境友好、技术密集、突显人力资源优势的新型农业现代化道路。

第四节　空间推进路径——以新型城镇化为例

一、新型城镇化的内涵

我国在对历史经验进行系统总结和对当前社会新形势中工人与农民、城市与农村关系进行深刻认识的基础上,提出了要把推动工业化和城镇化以及农业现代化的和谐发展作为发展的重要战略,并提出了以新型城镇化引领"四化"和谐发展的新路途。

新型城镇化的核心是城乡统筹,它的主要特征包括产城融合、集约节约、生态宜居、和谐发展四个方面,同时新型城镇化也是大中小城市和小城镇以及新型农村社区互相促进和谐发展的一个过程。新型城镇化道路应该有四个方面内容:一是工业化、信息化、城镇化、农业现代化的协调,实现城镇带动、统筹城乡发展和农村文明延续的城镇化;二是人口、经济、资源和环境相协调,实现中华民族永续发展的城镇化;三是在空间布局上以城市群为主体形态,大、中、小城市与小城镇协调发展的城镇化;四是实现人的全面发展,建设和谐社会和幸福中国的城镇化。坚持走中国特色新型城镇化道路,从经济上来说,中国是农业大国,农业经济就是"中国特色",所谓"新型",是指中国的城镇化,它不是大城市的不断扩张,更不是中小城市排队变成大城市乃至特大城市,而是立足于县、乡镇,把其放在整个国家的发展甚至整个人类社会大家庭的发展层面上,与时俱进地可持续发展,其实质是结合美丽乡村建设的城镇化①。

二、生态文明建设与新型城镇化的关系

(一)生态文明是实施新型城镇化战略的现实需求

我国的城乡现状决定了城镇化战略是推进经济社会发展的最佳途径。当前我国城市数量少,吸纳劳动力的能力有限,仅仅依靠现有的城市来转移劳动力是不现实的,只有积极发展城镇才是最佳出路。实施城镇化战略的主要目的是为了提高我国城镇化水平,促进城乡共同发展,消除城乡差别,而不是消灭农村,把所有农村变成城市。我国是一个人口众多、耕地有限的农业大国,而现实是城市吸纳和转移农村劳动力能力有限,所以积极推进城镇化战略。

随着经济社会发展环境的深刻变化,中国的新型城镇化正面临着重大的挑战和机遇,也拥有巨大的潜力,并将在推动经济社会转型发展中扮演重要的历史性角色。当前的突出问题是,如何解决城镇化质量不高、不可持续的矛盾和问题,走可持续的新型城镇化道路。

传统的城镇化由于与传统的经济发展方式密切相关,其规模城镇化

①张帅.新型城镇化与土地生态安全协调发展研究——以山西省宁武县为例[D].太原:山西财经大学,2019.

的特点比较突出。例如,以工业化为主导、以做大经济总量和承载投资为主要目标、以土地批租为重要手段。这种城镇化模式在推动经济增长的同时,也积累了产能过剩、资源浪费、环境破坏等突出问题。进入发展型新阶段,这种规模城镇化的矛盾问题日益突显,难以为继。

要促进工业化、信息化、城镇化以及农业现代化的同步发展,以改善需求结构、优化产业结构、促进区域协调发展、推进城镇化为重点,着力解决制约经济持续健康发展的重大结构性问题。为了推进绿色发展、循环发展、低碳发展,要控制开发强度,调整空间结构,促进生产空间集约高效、生活空间宜居适度、生态空间山清水秀。在推进城镇化进程中要构建好生产空间、生活空间和生态空间。因此,把生态文明的理念融入新型城镇化建设中,实现城乡一体化的生态发展,是新型城镇化的一个核心理念。

(二)生态文明对推进新型城镇化具有积极的促进作用

生态文明建设是推动城镇化的强有力的动力与重要保障,生态文明是一个新的文明阶段,它以人和自然的和谐共生为基本特征与目的;生态文明是超工业文明,并且把解决人类现实生存危机作为使命的,关系到人类未来命运的全新的人和自然之间关系的模式,是对人类和自然之间的关系所进行的全新的理论思考和实践调整,体现了人类社会文明发展道路的一种新的文明形态。

城镇化不是一蹴而就的,它是一个漫长的过程,同时还是现代化发展的必然要求,是判断一个国家发展水平高低的重要标志,城镇化还能够反映一个国家工业化水平的高低,以及人民生活水平和精神文化程度的高低。新型城镇化要实现与资源环境协调发展,应该确立可持续、合理的城镇化指标,坚持自然资源的合理开发与城镇化的循序渐进推行,积极营造良好的城镇生态环境,建设最佳人居环境,走适度的、可持续的城镇化发展道路。建设良好的生态文明,会使资源得到高效的利用,使人们的生活环境得到优化,使人和自然的关系得到协调,并最终实现新型城镇化,使人们得以安居乐业,不断提高人们的生活水平和生活质量,增加人们的幸福指数,这样人们才会对未来的发展更加充满信心,进而激发他们积极地去建设更加美好的家园。所以,推进生态文明建设,能够强有力地推动城镇化的健康发展,也是促进城镇化健康持续发展的强大动力与重要保障。

我国城镇化带来的需求是支撑未来40多年经济平稳较快发展的最大潜力。用生态文明建设要求推进城镇化是我国解决能源、资源和环境问题的内在要求,是实现"四化"协调发展目标与气候目标的关键所在。建设生态文明的要求是推进新型城镇化的关键所在。在我国快速高质量的推进城镇化进程中,能否从优化产业结构、能源结构、消费模式等多角度将生态文明理念植入城镇化发展的思维,将是积极回应拉动经济发展、缓解环境污染和环境恶化的重大命题,也将促进我国城镇产业优化布局,走出一条循环发展、低碳发展的新路径,甚至会改变人们的生活方式。

三、加强以生态文明为中心的新型城镇化建设路径

面对资源约束趋紧、环境污染严重、生态系统退化的严峻形势,必须树立尊重自然、顺应自然、保护自然的生态文明理念,把生态文明建设放在突出地位,融入经济建设、政治建设、文化建设、社会建设各方面和全过程,努力建设美丽中国,实现中华民族永续发展。

在推进城镇化建设过程中树立与落实可持续发展观,要把生态文明的理念和原则融入城镇化的整个过程及各方面,坚持因地制宜,实现人和自然、资源的持久协调稳定发展。以生态文明为中心,统筹城乡发展,从社会生态福利惠及全民的角度加强社会建设。

(一)充分体现以人为本的发展理念

坚持以人为本这个核心立场,必须加快实现中国城镇化战略由增长导向型转向以人为本型,核心是人的城镇化,突出人在城镇化过程中的主体性地位,以提高城乡居民物质文化生活质量,把促进人的全面发展作为出发点和落脚点,坚持城镇化的发展为了人民群众,必须依靠人民群众。

1.加快实现城镇化战略由增长导向型向以人为本型的转化

中国的城镇化进程,在快速扩张过程中产生许多矛盾与问题,根本症结在于片面地将城镇化看作经济增长的引擎,而未能真正贯彻落实好以人为本的方针。实现中国城镇化战略由增长导向型转为以人为本型,这是一个迫在眉睫的重大理论和实践问题,它不仅决定着中国未来的发展

高度,也深刻影响着国民的幸福感、安全感和归属感。

2.以提高人民生活质量与促进人的全面发展为城镇化的出发点与落脚点

不断提高城乡居民物质文化生活质量与促进人的全面发展,是我国积极推进城镇化的出发点与落脚点。我们必须充分认识到,城市作为城镇化的重要载体,必须同时肩负着生产、生活、生态三者和谐统一的功能。虽然生产型城市的迅速发展满足了人们的物质需求,但很难满足我国进入新的历史阶段带来的多元化的精神需求和环境要求。从城市的发展进程来看,城市功能一定要由生产型城市转为生产、生活、生态三者和谐统一的"三生"型城市。

推进城镇化的根本力量是人民群众。坚持城镇化发展要依靠人民群众,就必须要牢记人民群众的主体性地位,并善于综合运用各种行政手段、法律手段、经济手段等,不断完善全体人民群众、各类社会力量参与城镇化的激励机制;通过完善动员、组织、激励等系列政策措施,不断提高城镇社会的自我组织程度与自我管理、自我服务能力,使广大居民积极参加到城镇管理、社区建设、保护文明、济危扶困的活动中来。

3.始终坚持城镇化发展成果由城乡居民共享

城乡居民共享城镇化发展成果,这是由社会主义制度的本质所决定的,即要实现共同富裕。城镇化发展必须把人民群众的期盼放在首位,要充分考虑人民群众需求的层次性与多样性,大力解决城镇化进程中关系到人民群众切身利益的突出问题,例如增加就业、加强社会保障、努力帮助城乡特殊困难群众解决生产生活中的问题、不断解决土地征用中侵害农民利益的问题和城镇拆迁中侵害居民利益的诸多问题,使广大城乡居民能真正享受到城镇化发展带来的好处。政府必须加强基础设施与公共服务设施建设,增强城镇的综合承载能力,满足人们日益增长的物质与文化生活需要。

(二)构建以生态文明为中心的城乡社会建设

1.生态文明与和谐社会是统一的

自然界的运行、人类的活动、经济社会的发展,三者是有机联系的整体。在"自然—人—社会"的复合生态系统中,人与自然的关系是基础,影响着人与人、人与社会的关系,包括代内关系和代际关系。如果单纯地谈人与自然的关系,人们就容易把生态、经济、社会三者割裂开来,容易单纯地就生态讲生态,就环境讲环境,这对于经济社会的发展是不利的,也难以调动企业、政府以及社会各界建设生态文明的积极性、主动性和创造性。而人与人、人与社会的关系是关键,人类的文明观指导着人与自然的关系;人与人、人与社会的关系没有处理好,与自然的关系也难以和谐协调,如资源分配的公正性问题、生态补偿问题。所以,不能避开人与人、人与社会的关系而单纯地谈人与自然的关系。由此可见生态文明是一种生态整体主义的世界观和方法论,它强调复合生态系统的空间整体性、时间整体性和时空的统一性。

实践中,发展中国家大多脱胎于生产力十分落后的国家,又在相当程度上放大了生产力、改造和支配自然的欲望。正是由于这一原因,我国的社会主义现代化建设在生产力水平、人民生活水平大幅提升的同时,生态环境的恶化也相伴而生,人与自然的关系日益紧张。我国城镇化快速发展的同时,经济在快速增长,这在一定程度上是以资源的过度损耗和环境的过度污染为代价的,而自然也正以其内在规律把自身的过度负荷转嫁到社会发展中,人与自然的关系日趋紧张,甚至这种不和谐会进一步转移到人与人、人与社会之间的关系上。例如,近年来,因为污染而引起的民事、行政诉讼快速增长,直接影响了社会发展秩序的稳定,人与自然的不和谐也直接导致了人与人之间的不和谐。因此,生态是否文明,绝不是单纯的人与自然的关系,而是整个社会关系。从这个意义上讲,生态文明与和谐社会是统一的。

社会的发展不能只要经济,也不能只要环境,还应该要有社会。生态文明以整体主义世界观作为哲学依据。生态整体主义把世界看成由"人—社会—自然"构成的复合生态系统,是一个由有机体和环境相互组成的复合整体。它把人与社会看作是大自然的一部分,把人类的整体利益与自然生态系统的利益紧密结合在一起,把自然生态、人文生态的和谐统一视为自己的核心和灵魂。人作为自然界长期发展的产物,其生存和发展一刻也离不开自然界,并且是以自然界尤其是以人类生态环境向着有利于人类及其社会的方向演化发展为前提的。生态文明把人与自然放在同等重要的地位,从实现人的全面自由发展和经济、社会与环境的可持续发展出发,通过提高人的生存质量以及自然环境与人类社会的全面优化,谋求人类社会和生态系统的和谐发展、可持续发展。因此,生态文明体现了一种新的生存与发展理念、一次深刻的价值转向和文化转向,在新型城镇化的推进过程中也要体现出这种新的生存与发展理念,从而实现全社会的整体和谐。

随着认识的不断深化,人们把生态文明当作复合生态系统的社会文明形态,相对于原始文明、农业文明、工业文明,认为生态文明建设就是把自然、人、社会统一起来,既有物质文明建设,也有精神文明建设、政治文明建设和文化建设,它能够获得生态、经济、社会三大效益的相统一和最大化,这样的生态文明建设才能让政府、企业、公众都具有发展的积极性。而生态文明因其独特的地位和所统摄的内涵,自然而然地成为当前社会建设的核心任务。建立生态文明和以人为本、建立和谐社会的内涵是一致的,与可持续发展是高度统一的。在推进新型城镇化的过程中,要坚定不移地走生态文明发展之路,推进经济社会健康发展,是构建和谐社会的一种新视角,并且毫无疑问地成为当今人类社会生存和发展的必然选择。在理论和实践的结合上,生态文明正是"以人为本,全面、协调、可持续发展"要求的文明,即人与自然和谐、发展与环境双赢、经济社会发展成果人人共享、公众幸福指数升高的文明。

2.推进生态文明建设的一个重要突破口是加快城乡社会建设

当前阶段,在经济增长的基础上推进生态文明建设的一个重要突破口是加快城乡社会建设。生态危机的根源实际上是社会关系的失调。在很大程度上,我们的社会变革和社会建设进程,与我们快速推进的工业化、现代化、城镇化进程还很不适应。在推进新型城镇化的过程中,我们尤其需要快速推进以下几个方面的工作:一是建立发展成果共享的制度安排;二是建立全面覆盖的社会福利制度;三是大力推动公众制度化的理性参与;四是有效地促进企业和企业家承担环境保护责任;五是全面正确地看待科学技术在发展中的作用;六是不断完善法治建设;七是引导整个社会树立科学健康的价值观念和生活方式。

(1)总体目标

推进新型城镇化建设,以生态文明为中心的社会建设的总体目标是:人与自然,人与人、人和社会实现共生和谐、良性循环、全面稳定发展、持续繁荣,重构自然、社会与人有机进化的合理秩序,建立可持续的经济发展模式、健康合理的消费方式、和睦和谐的人际关系,实现资源节约、环境友好以及人与自然和谐、人与人、人与社会和谐,使人类能够在遵循人、自然、社会和谐发展这一客观规律的基础上达成物质与精神财富的创造和累积,即整体和谐发展。当前,新型城镇化的关键就是把生态文明的理念融入积极的城镇建设和城镇管理,提升城镇化的品质。这包括两方面的制度设计:一是提升城镇的品质;二是提高城乡人口的素质。新型城镇化要以技术创新和文化创意为驱动,实现产业结构和社会结构的优化升级和经济发展方式的转变,控制环境污染、改善人居环境,实现城乡人口的自由、全面发展,共享经济社会发展成果。

整体和谐发展就是根据社会—生态系统的特性,按照自然法则和社会发展规律,利用现代科学技术和系统自身控制规律,合理分配资源,积极协调社会关系和生态关系,实现整个社会的稳定与繁荣。也即,整体和谐的发展是社会生态系统的环境合理、经济稳定高效、社会文明和谐、系统健康地发展。和谐发展更强调系统物质、能量、信息诸方面的高度综合与合理竞争,共生和自生能力的结合,生产、消费和还原功能的协调,社会、经济、环境三者的结合,实现社会关系与生态关系的协调,达到"人地共荣""天人合一"的目的。因此,和谐发展可以归纳为:资源共享,适时协同,按需生产,和谐共荣。

资源共享,是合理分配政治资源、完善民主监督体系、确保公民机会均等地享有自然资源和社会资源,实现社会公平有序地发展,及时消除产生生态危机和社会危机的根源。适时协同即因地制宜,选择适合自己发展的社会制度、生活方式和发展策略,并随时间推移,与时俱进,及时协调社会关系和生态关系,激活全社会共同参与社会发展,形成全民共同发展的合力,不断促进社会全面进步。按需生产即为了满足人类社会和生态环境双面双向需求,因地制宜,适时协同,在整体最优的前提下进行局部优化,合理分配自然资源和社会资源,优化产业结构,实现清洁生产和节约生产,发展高效适用的生态技术,形成和谐发展的生态文化,建设富裕健康文明的人与自然和谐共生的生态产业,从而建立起比较完备的生态体系和社会体系,并据此构建和平共进的社会秩序、公平公正公开的政策法律体系和团结稳定奋进的社会环境。合理分配资源,和谐共荣,实行公平竞争,大力倡导清洁生活方式和节约生活方式,实现整体与局部共同发展,人与自然和谐共处,社会与自然共同繁荣。

(2)生态文明社会建构的模式

当前,随着城镇化的快速推进以及经济和社会的发展,人们的生态意识不断提高,环境恶化、生态危机很受关注,生态文明建设日渐迫切与重要。怎样从理论研究与实践行动上实现人和自然关系的和谐相处,推进以生态文明为中心的社会建设,早已经成为一个重要且紧迫的全球性课题。

和谐既是人和自然关系发展的高级阶段,也是人与自然关系的最终归宿。人与自然关系的和谐是指根据社会—生态系统的特性和演替动力,遵照自然法则和社会发展规律,利用现代科学技术和系统自身控制规律,合理分配资源,积极协调社会关系和生态关系,实现人与自然的稳定和繁荣。换句话说,人与自然关系的和谐是社会经济系统与自然生态系统的和谐共存。人和自然的和谐具体表现为:人与自然和谐的价值观已经成为主流文化价值判断标准;坚持遵循可持续生产观,很符合自然生态法则;大力倡导绿色积极消费观,既是倡导一种满足自身需要,又是尊重自然;既满足当代人的需要,又不损害后代人需要的理想生活方式。根据人与自然和谐关系的界定,建构生态文明社会的模式。

人和自然和谐的理想目标是:实现社会文明、经济持续发展、人民健康幸福、环境清洁卫生、生态优美、资源富足。要实现这一目标,其中最主要的是如何协调好社会和自然系统之间的关系,真正实现经济、社会与生态环境的耦合。人和自然和谐的理论支撑主要在于:优化资源、和谐共赢、协同耦合、循环生产、适时进行清洁。"优化资源、协同耦合"作为人与自然和谐关系的基本方法;"循环生产、适时清洁"作为人与自然和谐关系的一种基本手段;"和谐共赢"是人和自然和谐关系的原则与目标。所以,为了满足社会经济发展与自然生态可持续发展的双向需求,我们必须因地制宜、协同配合,合理分配自然资源与社会资源,尽力优化产业结构,实现清洁生产与节约生产,倡导和谐的生态文化。从而建立起可持续发展的社会经济体系和自然生态体系,并最终实现全社会的人和自然关系的和谐。

(3)实施战略

第一,行动纲领。培育城乡居民的生态文明意识,在全社会树立起生态文明价值观,制定切实可行适合区域整体城镇化发展的生态文明战略和实施框架,并指导经济社会发展,从思想观念到道德行为、从发展模式到生活方式、从人与自然关系到人与社会关系进行彻底的变革和转型,建构起人与自然、社会的和谐发展模式。

第二,具体措施。培育全社会生态文明意识,建立生态经济体系、以生态文明为基础的社会建设体系,推行生态文明战略的政府体制建立等。

以生态文明为基础的社会建设战略的实施,首先立足于本区域的城乡整体协调发展,从本区域城镇化过程中,经济社会发展面临的矛盾与危机入手,综合分析导致生态恶化的短期行为、生态失衡导致的环境危机、资源供求与资源分配的矛盾、生态文明规划的滞后等问题,明确面临的主要问题和制约因素。在上述分析的基础上,依据生态文明发展与和谐社会发展的基本理论原则,将复杂的巨系统分解为经济发展、社会发展、文化建设、政治管理体制机制创新、生态文明意识与消费习惯养成等,保护环境与生物多样性,共享自然资源能源,推进新能源利用推广,整体考量区域发展、城乡协调发展,最终促进人与自然、人与社会的和谐共生、共荣。

第五节 生态优化平衡——以美丽乡村建设为例

生态文明建设是我国农村的一项重要任务,生态文化作为我国传统文化的重要组成部分,其揭示了人与自然之间和谐发展的关系。在我国的大部分农村地区,生态环境得到了良好保护,为生态文明理念的推进提供了良好的先决条件。基于此,更应以生态文明理念来推进美丽乡村建设工作,把建设美丽乡村作为建设美丽中国的起点[1]。

一、坚持生态文明理念是建设美丽乡村的需要

生态文明建设与经济、政治、文化、社会建设具有相互影响、互为因

---

①王荣荣. 生态文明视角下的美丽乡村建设——以准格尔旗十二连城乡为例[J]. 中国集体经济,2020(1[):1-2.

果、相辅相成、辩证统一的关系,经济、政治、文化、社会的科学发展方式必须体现生态文明的精神,必须体现人与自然、人与社会和谐共生全面发展、良性循环的宗旨,必须有利于建立保护生态环境,有利于节约集约利用资源的绿色可持续的发展模式、科学健康的消费模式及和睦互助的人际关系,有利于实现人民大众的经济政治文化权益和生态权益的统一。因此,以生态文明建设引导经济政治、文化、社会建设协调推进,就成为建设美丽中国的总方向、总原则。建设美丽乡村是建设美丽中国的起点,涵盖经济、政治、文化、社会建设等方面,生态文明建设理念的提出进一步丰富了美丽乡村建设的内涵。

(一)生态文明建设是美丽乡村经济建设的重要基础

一方面,农业是自然再生产与经济再生产相互交织的产业,劳动过程归根到底是人和自然之间的物质交换。土地资源、水资源、气候资源和生物资源等自然资源是农业发展的最重要的物质基础。另一方面,良好的生态环境是提高农业、农村经济竞争力的重要基础,良好的生态环境能提高农产品质量安全水平,从而提高农产品的市场竞争力。随着人民群众生活水平的提高,老百姓对农产品的安全要求越来越高,无污染、安全、优质、营养等要素构成农产品消费时尚,无公害、绿色、有机食品备受消费者的青睐,绿色消费已成为国际性的消费潮流。

(二)生态文明建设是美丽乡村政治建设的重要标杆

解决好农业、农村、农民问题的核心是农民问题,农民问题的根本是利益问题。推进美丽乡村政治建设的根本目的就是最大限度地维护农民群众的合法权益,夯实中国共产党执政的群众基础。必须看到,长期粗放式增长方式的延续,固然使部分农村因经济的快速增长而带来了物质和财富上的增长,但毫无节制地消耗自然资源的生产方式,已经使农村经济社会的发展受到了极大制约,也对农民生命财产安全造成极大威胁,损害了农民的生存权益,广大农民对此是不满意的。因此,必须摒弃那种片面追求政绩而忽视生态保护和建设的不正确的政绩观,推行绿色GDP,把生态文明建设作为美丽乡村政治建设的重要标杆。

(三)生态文明建设是美丽乡村文化建设的重要内容

文化建设是美丽乡村建设的灵魂。为此,必须加强精神文明建设,加快发展农村教育文化事业,培育造就新型农民。首先,生态文明建设能引领农村新风尚。生态文明建设的推进,有助于转变农民的生态伦理价值观,正确树立尊重自然、顺应自然、保护自然的理念,从而让农民形成珍爱地球,保护环境的新风尚。其次,生态文明建设能提高农民素质。生态文明致力于构造一个以环境资源承载力为基础,以自然规律为准则,以可持续社会经济文化政策为手段的环境友好型社会。最后,推进生态文明建设有助于转变农民的生产生活方式,树立主动以实用节约为原则,以适度消费为特征,追求基本生活需要的满足,崇尚精神和文化享受的可持续发展和绿色消费观。

(四)生态文明建设是美丽乡村社会建设的重要保障

改善民生是农村社会建设的主要任务。近年来,由水、空气、重金属、化学品污染等引发的突发环境事故在农村时有发生,一些地区污染排放量大大超标,严重危害了人民群众身体健康,影响社会和谐稳定。农村生态环境的恶化,首先是制约了农村经济发展,不利于农民增收,影响农民生活水平的提高。其次是对农民生命健康造成恶劣影响,增加农民的医疗负担。对农民群众来说,没有健康,改善农村民生,提高农民群众生活水平就无从谈起。因此,全面建成农村小康社会,必须通过大力推进生态文明建设,重点解决影响科学发展和损害农民群众健康的突出环境问题,发动公众广泛参与,妥善解决环境问题,维护公众环境权益,确保农民群众的身心健康。

二、把生态文明理念融入美丽乡村建设

(一)生态文明与美丽乡村建设

1.生态文明

广义上来看,生态文明是指人们在改造物质世界,积极改善和优化人与自然、人与人、人与社会关系,建设人类社会生态运行机制和良好生态环境的过程中,所取得的物质、精神、制度等方面成果的总和。生态文明是人类社会发展过程中与多种衍生文明并列的一种文明形式,在促进人与自然和谐发展的道路上应给予高度重视,将人与自然之间友好相处、科学可持续发展作为核心。

2.美丽乡村建设

美丽乡村的含义不仅是浅显的字面含义,比如,大自然中的蓝天、白云,清澈见底的水塘,碧绿的草地等。同时包括社会意义,比如,农民的收成量大,能够满足自己的生活需要,达到安居乐业的生活目标等。而要想提升农作物产量,实现农业快速发展,实现农村快速和谐发展,就需要将生态环境作为物质基础。相应的,农村经济水平、农民文化水平及素质的提升能够保护和改善农村生态环境。

(二)推进美丽乡村建设需要生态文明理念

1.农村的生态文化建设

想要更好地进行农村的生态文化建设,需要提升农民对生态的认知,让农民产生保护生态环境的意识,对环境有一个正确的审美观;让农民改变自己破坏环境、铺张浪费的消费习惯,在日常生活中将生态道德转化为自我道德,主动开展资源节约和环境保护工作。同时,大力加强农民在日常生活中对于生态精神文化的建设,比如,组织农民在植树节进行植树,世界熄灯日熄灯1小时等,让农民形成生态保护观念,帮助农民了解大自然中各类资源如土地资源、水资源、森林资源等对于人们的重要性,让农民正确理解生态平衡,及时解决面临的生态危机。让农民能够敬畏自然、尊重自然,对破坏自然的行为予以谴责和批判,并进行制止,培养农民拥有热爱自然的高尚情操,重新建立农民和生存环境之间的关系。此外,向农民科普科学知识,让农民能够在遇到问题时寻找相关部门给予帮助,而不是使用封建迷信的手段,从而进一步提高农民的知识水平,让农民能够更好地掌握先进技术,利用环保资源进行农业生产。比如,利用秸秆、沼气、太阳能、风能等可再生资源,或者是利用喷灌、微灌、收集天然降雨等技术节约水资源,在解决农民生活问题的前提下节约资源。

2.促进乡村生态文化和谐发展

乡村生态文化是否能够和谐发展,决定了传统生态文化是否能够在现代化农村得到继承与发扬。所以,在美丽乡村建设过程中,不仅要积极发展农业经济,而且要保证生态环境不被破坏,甚至越来越好。在推进家庭个体发展的同时,要让农业发展转向产业化、现代化,实行大规模作业,提升农作物产量。针对不同地区不同乡村的风土人情,选择适合自己的经营方式,帮助农民能够在保护生态环境的基础上提升生活水平,在建设美丽乡村的同时,也能够继承和发扬传统生态文化。

(三)美丽乡村建设的现实意义

美丽乡村是一个全面的、综合的、统领农村建设工作全局的新提法,它不仅仅是指农村要环境优美,还要村民文化素质高,人文环境好。从全国范围来讲,美丽乡村就好比是美丽中国的一个细胞工程,只有做好这一个个细胞工程,美丽中国才会建设得更好。

1.美丽乡村建设是城乡一体化发展的必然要求

城乡一体化是不可阻挡的历史趋势,美丽乡村建设必须顺应这一趋势,离开了统筹城乡发展,就不可能建设成美丽乡村;加快建设美丽乡村,就是要努力形成以工促农、以城带乡的长效机制,加快缩小城乡差别,促使农民群众全面奔小康。它要求我们必须树立统筹城乡发展理念,坚持走新型城镇化道路,把城镇与乡村作为一个整体来科学布局,加快形成以县域中心城市为龙头和中心镇、中心村为纽带的城乡规划建设体系;要求我们切实加大城乡综合配套改革的力度,加快建立工业带动农业、城市带动农村的体制机制,促进城乡资源要素的合理流动;要求我们着力形成政府公共资源城乡共享机制,为城市基础设施、公共服务和现代文明向农村延伸与辐射提供有效通道,从而促进农村人口集聚和产业集约,进一步提高农业生产率和农民的生活质量水平,让城乡群众共享改革发展成果。

2.美丽乡村建设是推进农村经济发展方式转型的必由之路

美丽乡村作为现阶段农村建设的重要载体,其实质是在农村建设资源节约型和环境友好型社会,促进节约能源资源和保护生态环境的发展方式在农村的确立。当前,随着工业化、城市化的加快推进,加上发展方式相对粗放,我国农村资源过度利用和环境恶化问题突显,农村经济社会可持续发展的压力日益加大。加快推进美丽乡村建设有利于推动农村经济结构的调整,加快农村经济转型升级;有利于促进人们转变生产方式和消费方式,着力提升农村人居环境和农民生活质量;有利于节约集约利用各类资源要素,从根本上促进人口与资源环境的承载能力相协调,推动农村经济社会的可持续发展。

3.美丽乡村建设是生态文明建设的有效途径

农村生态文明发展状况直接影响并决定着我国整个生态文明建设的得失成败。这要求我们必须把生态文明建设纳入农村经济社会发展全局,在推进农村经济和社会事业发展的同时,更加注重农村环境保护和生态建设,加快建设美丽乡村。只有按照统筹城乡发展的要求,协调推进城乡生态文明建设,加快建设美丽乡村,生态中国才能在全国真正实现。只有加快建设美丽乡村,把生态文明建设同美丽乡村建设有机结合起来,才能把生态文明的发展理念、产业导向,生活方式、消费方式等融入农业发展、农民增收和农村建设等各个方面,才能把农村生态文明建设落到实处,进而在更高层次上全面实现美丽乡村建设的发展目标。

三、生态文明理念融入美丽乡村建设的路径

(一)树立人与自然和谐发展理念,是美丽乡村建设的思想基石

不发展没有路,但不科学的发展是死路;发展是硬道理,但是这个"硬道理"要建立在科学、和谐发展的基石之上。自然生态是支撑可持续发展的巨大财富。要金山银山,也要绿水青山;要仓廪丰实、腰包鼓鼓,也要山水做伴、人情和美。打造农村生态文明,必须着力转变农业生产方式。经济基础决定上层建筑,农业生产方式转变是打造农村生态文明的基础环节。

传统的农业生产方式只关注农业产量,忽视农村环境保护,大量使用化肥、农药、地膜等,造成水污染、大气污染、土质破坏等,制约了农村经济社会的进一步发展。必须着力改变传统农业生产方式,大力发展现代农业,大力发展循环农业,促使农业增产由依靠资源要素投入为主向依靠科技进步、理念创新转变,切实实现农村经济的可持续发展,实现农村环境的良性发展。2011年以来,多地围绕美丽乡村建设进行全面部署,出台相应的美丽乡村建设实施意见。综合考量经济效益、社会效益和生态效益的统一,无论引进外资、开矿办厂,还是建开发区、产业园区,绝对不能以牺牲生态环境为代价。走农业可持续发展之路,用生态文明理念引领现代农业,大力提倡生态农业、绿色农业,使农业生产与环境相协调,循环可持续。通过加快培育新型农民,提升农民的整体素质,共同养成健康、低碳、环保的生活理念和生活方式,使人与自然和谐相处能够落

到实处。全国多个地区只用了一两年的时间,就实现了美丽乡村建设的提档加速,农村面貌日新月异,涌现了一大批国家级生态乡镇、魅力乡镇和全国文明村镇。

(二)强化农业农村基础设施建设,是美丽乡村建设的核心内容

在实践中,全国多地美丽乡村建设面临着来自农产品需求的刚性增长、资源环境的硬性约束和资金缺乏的瓶颈制约带来的压力。仅仅依靠农村和农业的自身积累显然力不从心,单单依靠各地乡村自己的力量来打造美丽乡村也只能是镜花水月。唯有始终坚持重中之重的战略思想,坚持工业反哺农业、城市支持农村和多予少取放活的方针,持续加大强农惠农富农政策力度,持续加强对农村基础设施的投入,持续凝聚全社会的力量投入三农事业,才能保护好、建设好我们共同的家园。

全国各地在建设美丽乡村的实践中充分体现了政府组织推动、群众建设主体、社会多方支持的共建共享原则,拓宽了投资渠道,加大了投资强度。市、县财政对美丽乡村建设点和农村清洁工程建设,都按上级要求落实配套资金,有力地强化了农业农村基础设施建设。

(三)促进农民增收致富,是美丽乡村建设的基础支撑

推进美丽乡村建设要积极构建以美丽乡村建设促进经济发展、以经济发展反哺美丽乡村建设的良性循环机制。从培育农村主导产业和新型业态来看,乡村应按照自然禀赋和未来发展的要求,做好产业的集聚、转型、提升、拓展和培育,增强乡村的自我造血功能;从农村生产经营体系的构架来看,加快培育家庭农场、种植大户、合作社、龙头企业、连锁运销加工点、产业协会等经营主体,不仅能够提升农业农村经济的内生动力,而且自然而然明确了乡村小环境治理的"责任人"。

例如,赣南地区强化特色产业支撑,因地制宜发展井冈蜜柚、高产油茶、绿色蔬菜、花卉苗木和楠木等特色优势产业,既美化了乡村又带动了农民增收致富。赣南地区有的乡镇利用原有的甜柚生产基础,打造"井冈蜜柚之乡";有的乡镇建起了近6000亩花卉苗木基地,成为全省有影响的花卉苗木重镇,形成了一条镏金镀银的产业富民带。富民特色产业,鼓起了农民的钱袋,撑起了农民的腰杆,真正实现了"村美民富"。

(四)科学规划与因地制宜相结合,是美丽乡村建设的应有之义

推进美丽乡村建设,科学规划是前提,要理清发展思路,明确指导思想和主要任务,切实做好农村建设规划。但是又不能千篇一律、千人一面,各地应该因地制宜,创新思路,构建功能齐全的美丽乡村新格局。

有的地方在推进美丽乡村建设工作中,设有统一的规划图和时间表,明确提出各地要尊重自然、节约土地、合理布局,保持乡土风格的原貌;要立足于现有的自然条件、地理环境与经济水平,达到山地有山地的特色、水乡有水乡的风格、平原有平原的品位,不能照搬照抄,更不能"千村一面";要从"宜居、宜业、宜游"综合考量,把美丽乡村建设与产业开发、农民增收和民生改善紧密结合起来,充分发挥生产、休闲、体验、观光、养生、生态等综合功能。

在美丽乡村建设中按照"一圈一带一片"规划战略,着力打造城郊型美丽乡村建设圈,交通干道沿线美丽乡村示范带,乡镇驻地、旅游景区美丽乡村样板片。要下大力气加强乡村建房管控,下猛药整治农村无序建房和违规建房顽疾,杜绝沿国道省道两边无序连排建房和在农田"开天窗"建房等现象。

(五)传承乡土中国的文化血脉,是美丽乡村建设的重要内涵

深厚的历史文化、淳朴的乡风民俗、质朴的伦理道德和紧密的邻里关系,构成了看得见、摸得着,有着巨大有形和无形影响的精神力量。美丽乡村建设不仅要突出物质空间的布局与设计,同时,必须注入生态文化、传承历史文化、挖掘民俗文化,将农耕、孝廉、书画、饮食、休闲、养生等文化要素融合到美丽乡村建设之中,提升内涵和品质,最大限度地保留原汁原味的乡村文化和乡土特色。这是传承中华传统农耕文明的需要,也是美丽乡村建设生命力与亲和力的重要表征。

美丽乡村建设,既充分考虑村庄的历史传承、文化形态的独特性,又不遗余力地将文化保护和挖掘内涵贯穿始终。不推山,不填塘,不砍树,不等靠要,不占用农田建房,不沿马路建设,村庄不修宽马路,民居门前屋后不过度硬化;多依山就势,多因地制宜,多建庭院绿地,多做村庄绿化,多发展产业,多保留古迹,多发动群众。

参考文献

[1]卜令敏,莫修良.新时代背景下我国经济发展的三重路径[J].现代交际,2020(05):245-246.

[2]陈红,孙雯.人类命运共同体:新时代中国特色社会主义生态文明的核心旨趣[J].思想政治教育研究,2020,36(02):78-82.

[3]方时姣.生态文明创新经济[M].北京:中国环境出版有限责任公司,2015.

[4]冯欣.经济发展方式的生态化与我国生态文明建设[J].现代商业,2020(15):96-97.

[5]侯京林.生态文明的发展模式[M].北京:中国环境出版集团,2018.

[6]胡刚.中国特色社会主义生态文明建设路径研究[M].成都:电子科学技术大学出版社,2018.

[7]胡艳梅.内外兼修:新时代中国特色社会主义生态文明建设道路[J].南京航空航天大学学报(社会科学版),2020,22(02):1-6.

[8]胡莹.我国区域经济发展模式研究[J].商业经济研究,2019(15):160-163.

[9]黄征学,潘彪.主体功能区规划实施进展、问题及建议[J].中国国土资源经济,2020,33(04):4-9.

[10]李东洪,卢晓.浅谈生态文明建设与经济高质量发展共赢策略以崇左市为例[J].广西经济,2019(05):66-68.

[11]李高东.中国特色社会主义事业五位一体总布局研究[M].徐州:中国矿业大学出版社,2015.

[12]李桂花,高大勇.把生态文明建设融入经济建设之两重内涵[J].

求实,2014(04):50-52.

[13]刘应杰.中国经济发展战略研究[M].北京:中国言实出版社,2018.

[14]米姗,周佳驿,聂昊.以生态设计视角论生态文明建设与经济发展的关系[J].城市建设理论研究(电子版),2015(21):3047-3048.

[15]牛钰涵,隆滟.城镇化与农业现代化协调发展程度研究[J].中国集体经济,2020(15):3-4.

[16]邵淑红.生态文明建设与经济发展方式转变分析[J].环球市场,2019(07):4+6.

[17]沈满洪.生态文明建设思路与出路[M].北京:中国环境科学出版社,2014.

[18]宋亮.经济高质量发展对推动环境保护及生态文明建设的作用[J].吉林农业,2019(23):19-20.

[19]隋福民.新中国成立70年来中国经济发展与理论创新[J].新视野,2019(40):15-21.

[20]汤文颖.生态文明建设的理论与实践[M].北京:中国言实出版社,2017.

[21]唐龙.生态文明背景下生态经济发展模型构建与决策优化[J].新疆财经,2019(05):5-14.

[22]王荣荣.生态文明视角下的美丽乡村建设——以准格尔旗十二连城乡为例[J].中国集体经济,2020(15):1-2.

[23]吴季松.生态文明建设[M].北京:北京航空航天大学出版社,2016.

[24]徐艳.生态文明视域下的转变经济发展方式研究[D].南京:南京财经大学,2016.

[25]严耕,杨志华.生态文明的理论与系统建构[M].北京:中央编译出版社,2009.

[26]杨露萍,乔鹏程.论可持续性理论下生态文明与高原经济的高质量发展[J].西藏发展论坛,2019(04):34-40.

[27]杨芝莲.新时代我国农业经济发展模式的探索[J].消费导刊,2019(24):84.

[28]翟坤周,邓建华.生态文明融入经济建设的本质意涵及绿色化路径[J].湖南行政学院学报,2015(06):90-96.

[29]张帅.新型城镇化与土地生态安全协调发展研究——以山西省宁武县为例[D].太原:山西财经大学,2019.

[30]赵建军.我国生态文明建设的理论创新与实践探索[M].宁波:宁波出版社,2017.